Adrian Odriozola
David Celorrio
Jose M. Aznar

Introducción a la genética forense:

Adrian Odriozola
David Celorrio
Jose M. Aznar

Introducción a la genética forense:

de los grupos sanguíneos a la secuenciación directa de ADN2ª edición

PUBLICIA

Cover image: www.ingimage.com

Publisher:
PUBLICIA
is a trademark of
Dodo Books Indian Ocean Ltd. and OmniScriptum S.R.L publishing group

120 High Road, East Finchley, London, N2 9ED, United Kingdom
Str. Armeneasca 28/1, office 1, Chisinau MD-2012, Republic of Moldova, Europe
Managing Directors: Ieva Konstantinova, Victoria Ursu
info@omniscriptum.com

Printed at: see last page
ISBN: 978-620-9-36275-0

INTRODUCCIÓN A LA GENÉTICA FORENSE:

DESDE LOS GRUPOS SANGUÍNEOS A LA SECUENCIACIÓN DIRECTA DE ADN.

David Celorrio Herrera

Jose M. Aznar Oviedo

Adrian Odriozola Martínez

Lista de Abreviaturas y Siglas

LISTA DE ABREVIATURAS Y SIGLAS

A, Adenina
AABB, *American Asociation of BloodBanks*
AAS, Analizador Automático de Secuencias
ADN, Ácido desoxirribonucleico
AIM, *Ancestry-Informative Marker*
AMFLP/AFLP, *Amplified Fragment Length Polymorphisms*
ATP, Adenosina trifosfato
C, Citosina
cm, centímetros
CNV, *Copy Number Variant*
CODIS, *Combined Index System*
CpG, *Cytosine Phospate Guanine*
CSF1PO, *c-fms proto-oncogene for CSF-1 receptor gene*
CSGE, *Conformation-Sensitive Gel Electrophoresis*
dA (cola poli A),
Da, Daltons
ddNTP, dideoxinucleótido
DGGE, *Denaturing Gradient Gel Electrophoresis*
DHPLC, *Denaturing High Performance Liquid Cromatography*
dNTPs, desoxirribonucleótido trifosfato
ECL, *European Core loci*
ER: Enzimas de restricción
EDNAP, *European DNA Profiling Group*
ENFSI, *European Network of Forensic Science Insitutes*
FGA/FIBRA/HUMFIBRA, *Human Alpha Fibrinogen*
G, Guanina
GCL, *German Core loci*
GWA, *Genome Wide Association*
HaeIII *Haemophilus aegyptius,*
HapMap *Haplotype Map*,
HLA, *Human Leucocyte Antigen*
Hp, Haptoglobinas
IAM, *Infinite Allele Model*
INDEL, *Insertion / Deletion*
ISFG, *International Society of Forensic Genetics*
ISFH, *International Society for Forensic Haemogenetics*
ISO17025 *International Organization for Standarization 17025*
ISSL, *Interpol Standard Set of Loci*
KAM, *K-allele Model*
Kb, kilobases
LCN, *Low Copy Number*
LINE, *Long Interspersed Element*
Locus SE33, ACTBP2
MALDI, *Matrix-Assisted Laser Desorption Ionization*
Mb, Megabase
MHL, *Minimun Haplotype Loci*

MLP, *Multi Locus Probe*
MMR, *Mismatch Reparation*
MNT, *Micronucleus Test*
mtSNPs, *Mitochondrial SNPs*
MVR, *Minisatellite Variant Repeat*
ng, nanogramo
NIST, *National Institute of Standards and Technology*
nl, nanolitros
pb, pares de bases
PCR, *Polymerase Chain Reaction*
PEC, *Primer Extension Capture*
pg, picogramos
PHR, *Peak Heigth Ratio*
PS/PM, *Proportional Slippage/Point Mutation Model*
PSDVB, poliestireno-divinilbenceno
PTT, *Protein Truncation Test*
RFLP, *Restriction Fragment Length Polymorphisms*
RFU, *Relative Units of Fluorescence*
Rh, *Rhesus*
RNA, Ácido ribonucleico
SBE, *Single Base Extension*
SGM- *Second Generation Multiplex*
SGWDAM, *Scientific Working Group on DNA Analysis Methods*
SINE, *Short Interpersed Element*
SLP, *Single Locus Probe*
SMM, *Stepwise Mutational Model*
SNP, *Single Nucleotide Polymorphism*
SNPforID, *Single Nucleotide Polymorphisms for the forensic Identification*
SOLID, *Sequencing by Oligonucleotide Ligation and Detection*
SSCP, *Single Strand Conformation Polymorphism*
SSR, *Simple Sequence Repeats*
STR, *Short tandem Repeats*
SWGDAM, *Scientific Working Group on DNA Analysis Methods*
T, Timina
Taq, *Thermus aquaticus*
TEAA, acetato de trietilamonio
TH01, *Tyrosine Hydroxylase intron 01*
TOF, *Time Of Flight*
TPM, *Two-Phase Model*
TPOX, *Thyroid Peroxidase*
UniSTS, *Unified Non-redundant view of Sequence Tagged Sites*
UV, Ultravioleta
VNTR, *Variable Number of Tandem Repeats*
VWA/VWF/vWA, *von Willebrand Factor.*
Y-SNPs, SNPs del ADN del cromosoma Y
Y-STRs STRs del ADN del cromosoma Y

Índice

ÍNDICE

PRÓLOGO.

En la Ciencia, al igual que en la Evolución, cada paso hacia delante que se da viene determinado por el anterior y al mismo tiempo nos conduce al siguiente.
Avances científicos que se producen para dar respuesta a un aspecto concreto, trascienden a su objetivo inicial. De tal manera que, áreas de la Ciencia, en principio dispares y alejadas unas de otras, interaccionan dando lugar a resultados inesperados, a auténticas revoluciones en diferentes campos del conocimiento.
Es en el imaginario mundo de las ideas, donde éstas habitan, se conectan y dan lugar a nuevas ideas a la espera de que alguien tome conciencia de su existencia, completándose así infinitos ciclos.

Contrariamente a esto, a veces tenemos la sensación de que todo está inventado, como cuando no sabemos qué regalar a alguien en su cumpleaños porque según nos parece "lo tiene todo".
Y de pronto, algo o alguien da lugar a una idea a menudo sencilla, pero totalmente revolucionaria, como ese regalo inesperado y original que va a sorprender gratamente al homenajeado.

El texto que tienes en tus manos habla justamente de ello, de cómo la Genética Forense ha ido evolucionando de forma paralela a otros campos de la ciencia, gracias también en gran medida a los avances que se producen en estos. Y como de esta forma, se va a poder dar respuestas a los nuevos retos que se plantea una sociedad inmersa en un constante proceso de cambio.

No siempre es sencillo establecer cuáles son las causas y cuáles los efectos, por lo que resulta más sencillo y porque no, quizás también más realista, hablar de interacciones entre diferentes disciplinas y la sociedad misma, puesto que todos los elementos van a tener una gran influencia en el resto.

Centrándonos ya en la Genética forense, podría decirse que caminamos hacia el análisis de estructuras cada vez más diminutas en cuanto a tamaño molecular, pero a pesar de ello conviene resaltar que su estudio se va a llevar a cabo en un ámbito extremadamente complejo y multidisciplinar.

Los avances tecnológicos que han tenido lugar en los últimos tiempos, han superado las mas osadas predicciones de cualquier obra futurista de ciencia ficción, por lo que lejos ya de pensar que todo está inventado, la comunidad científica tiene la sensación de encontrarse tan solo en el umbral del conocimiento, de tal forma que podemos concluir diciendo que las predicciones sobre el devenir científico a 50 o incluso a 10 años han dejado de tener sentido.

Por lo que, si bien es posible que no podamos determinar a ciencia cierta hacia dónde vamos, si que podemos echar una mirada al pasado y así intentar comprender mejor de dónde venimos; es en este sentido de donde proviene una de las ciencias cuyo interés y popularidad mediática y social ha crecido exponencialmente en los últimos tiempos, siendo prueba de ello la multitud de películas, series y libros a las que ha dado lugar la

Genética Forense.

El libro toma como punto de partida o al menos lo considera como uno de los descubrimientos clave, el concerniente a la aplicación en humanos un tipo de ADN que se repite un número distinto de veces en cada ser humano, dando lugar en cada caso a un "código de barras" único y distinguible; hallazgo éste que corrió a cargo del hoy Sir Allec Jeffreys, a principios de los años 80.

Son contadas las ocasiones en las que en ciencia y menos aún en Biología, nos encontramos ante un descubrimiento de la importancia de este, fácil de comprender y aplicable en áreas tan dispares y relevantes como el análisis de parentesco, las identificaciones en desastres en masa y en criminología, el seguimiento de trasplantes, el estudio de las poblaciones humanas y de otras especies, así como sus migraciones e incluso la propia evolución.

Paralelamente a Jeffreys, Kary Mullis inventó la forma de aumentar millones de veces la cantidad de ADN disponible para analizar, revolucionando así la Biología Molecular y específicamente la Genética Forense, donde las muestras biológicas habitualmente se caracterizan por su escasez y/o degradación.

De modo que, por la magnitud del tema y su relevancia, en el presente libro nos vamos a centrar en el desarrollo de herramientas moleculares para el análisis genético con fines forenses: sus bases, su evolución, sus posibilidades y limitaciones, así como en los posibles retos que nos plantee el futuro.

Espero que disfrutes con su lectura, como nosotros hemos disfrutado escribiéndolo.

NOTA DE LOS AUTORES

El texto que tienes en tus manos fue concebido en un principio como introducción en la Tesis Doctoral presentada por uno de los autores en la Universidad del País Vasco, pero casi de forma inmediata trascendió su objetivo inicial y se sumergió en aspectos que si bien no eran totalmente necesarios para la presentación de dicha tesis, sí que venían a ofrecer una visión global del área a personas que directa o indirectamente estaban vinculadas al mismo.

Así pues, en poco tiempo partes de este texto fueron incluidas en diferentes trabajos, bien con el permiso de los autores, bien también con un sentimiento de agradecimiento por parte de estos, al ver que su obra se extendía por otros lugares del saber. Y es que todo libro secretamente, aguarda y desea fehacientemente ser leído.

AGRADECIMIENTOS

A nuestras familias por creer en nosotros y por encima de todo por regalarnos vuestro amor incondicional y vuestro esfuerzo sin esperar nada a cambio.

Gracias por hacer de nuestro sentir el vuestro propio.

Este, al igual que el resto de nuestros trabajos y logros profesionales os pertenecen por derecho propio, porque vuestra labor de pareja, padres, madres, hermanos, primos y abuelos no termina nunca.

Un agradecimiento muy especial a ti, Alaia, que como recién llegada todavía no sabes ni leer ni escribir, pero que con tu sonrisa nos enseñas porqué merece la pena vivir con ilusión cada día.

Gracias a todos de corazón.

Destacar también nuestro agradecimiento y reconocimiento a la labor realizada por la profesora Dña.Maria de los Ángeles Martínez de Pancorbo, bajo cuya supervisión fue realizada la mencionada Tesis Doctoral.
De la misma manera procede extender este reconocimiento a la Universidad del País Vasco (UPV/EHU) por la colaboración prestada en el desarrollo de la citada Tesis Doctoral.

I. Introducción

I. INTRODUCCIÓN

LOS INICIOS DE LA GENÉTICA FORENSE

La Genética Forense es la ciencia que estudia la identificación de individuos en base al análisis de regiones polimórficas del ADN, dado que la variabilidad que presentan estas regiones entre diferentes individuos las convierte en una herramienta sumamente eficaz tanto en la identificación humana, como en la determinación de relaciones de parentesco [1].

En este sentido, cabe señalar que previamente al descubrimiento de los polimorfismos de ADN [2], la identificación humana se realizaba mediante el estudio de diferentes caracteres polimórficos.

Así pues, en 1900 Landsteiner, en base al estudio de los antígenos presentes en la superficie de los hematíes describió el sistema ABO, primer marcador humano polimórfico de transmisión mendeliana simple, que a su vez supuso la primera herramienta genética utilizada en la identificación de individuos [3]. Junto al sistema eritrocitario ABO, otros sistemas como MNSs, P y Rh también caracterizados porque sus fenotipos se determinan mediante reacciones inmunológicas con antisueros, así como los sistemas Kell, Lutheran, Duffy, Kidd y Xg, constituyeron la base fundamental de las investigaciones biológicas con fines identificativos y de diagnóstico de la paternidad [3].

El segundo grupo de marcadores polimórfico, empleados en identificación humana fue el de las proteínas plasmáticas, descrito en 1947 por Jayle y Gillard, quienes reconocieron la existencia de varios tipos de haptoglobinas (Hp) [4], siendo éste el primer paso para el descubrimiento posterior, entre los años 1957 y 1963, de múltiples polimorfismos de proteínas plasmáticas [3].

Por último, en 1967 se realizó la descripción completa del sistema Hu-1[5], el tercer grupo de los sistemas polimórficos de enzimas eritrocitarias y leucocitarias. El sistema Hu-1 actualmente es conocido como HLA (*Human Leucocyte Antigen*) y es considerado el sistema antigénico más polimórfico [3].

El inicio de la Genética Forense basada en el ADN puede ser datado en 1985 a raíz del descubrimiento por parte de Allec Jeffreys de la hipervariabilidad del ADN minisatélite. Estas regiones ADN contienen secuencias repetitivas en tándem, cuyo número de unidades de repetición difieren entre individuos. Dichas regiones fueron denominadas VNTRs (*Variable Number of Tandem Repeats*) [2].

El análisis de estas regiones permitió verificar la existencia de polimorfismos de longitud variable entre diferentes individuos. La gran variabilidad del ADN minisatélite permitió estimar que no existen dos individuos iguales en su ADN minisatélite, salvo que sean gemelos. Esta altísima capacidad de discriminación, similar a la de las huellas dactilares, motivó que el perfil genético de múltiples loci de ADN minisatélite recibiera el nombre de "Huella Genética" (*DNA Fingerprint*) [2].
El conocimiento de la existencia de dicha huella permitió la realización de los primeros análisis de identificación genética mediante ADN de la historia y fue utilizada por primera

vez en la determinación de parentesco en la investigación de un caso de inmigración y posteriormente en la resolución de un caso de homicidio [6].

EL ADN MINISATÉLITE EN IDENTIFICACIÓN HUMANA

Los genomas eucariotas constan de secuencias de ADN repetitivas en tándem [7], que suponen el 3% del total del Genoma Humano [8] y se clasifican en tres grupos de acuerdo con el tamaño de la unidad de repetición y la longitud total del conjunto de unidades de repetición: satélites, minisatélites y microsatélites. De estos, sólo los dos últimos tienen importancia en Genética Forense.

Los loci minisatélites o VNTRs [9,10] poseen unidades de repetición comprendidas entre 10-100 pb (pares de bases) y pueden abarcar regiones de varias kilobases. Los minisatélites humanos ricos en GC (Guanina y Citosina) se localizan agrupados preferentemente en regiones subteloméricas [11].

Huella Genética mediante Sondas Multi Locus (MLP)

El análisis del ADN minisatélite hipervariable se basó en un inicio, en el corte por enzimas de restricción del ADN genómico y su posterior hibridación con sondas multi locus (*Multi Locus Probe, MLP*) [2]. Las sondas MLP reconocen un núcleo común de 10-15 pb ricas en GC compartido por diferentes minisatélites y su detección por Southern Blot permite revelar un patrón multibanda resultante de los fragmentos de restricción polimórficos en longitud (*Restriction Fragment Length Polymorphisms, RFLP*), denominado Huella Genética (*DNA Fingerprint*).

La obtención de la Huella Genética mediante sondas MLP, tal como 33.15 proporciona una probabilidad de coincidencia al azar entre individuos no emparentados menor de 3 x 10^{-11}, mientras que al analizarla conjuntamente con la MLP 33.6, dicha probabilidad alcanza valores de 5 x 10^{-19} [12], por lo que el uso de ambas sondas resulta de gran utilidad en identificación y diagnóstico de parentesco [6,13].

Sin embargo en múltiples ocasiones no es viable la utilización de este método, porque precisa de varios microgramos de ADN de elevada calidad. Este ADN no puede ser habitualmente obtenido de las muestras de ADN forense debido a su alta degradación y/o escasez [14]. Además en el caso de mezclas de ADN las MLPs no permiten diferenciar entre los distintos contribuyentes.

Perfil de ADN mediante Sondas de Locus Único (SLPs)

Las sondas SLPs (*Single Locus Probe*), a diferencia de las MLPs que se unen a múltiples loci minisatélite, son específicas para un solo locus y por tanto dan lugar a "perfiles de ADN" (*DNA profiling*) más simples, compuestos por un patrón de una o dos bandas correspondientes a los alelos del minisatélite hipervariable de cada individuo.

El desarrollo de SLPs comportó importantes mejoras respecto a los MLPs, entre las que cabe destacar su mayor sensibilidad, así como su mayor eficacia en la resolución de mezclas.

Análisis de Amplificados polimórficos de longitud (AMFLPs)

La reacción de PCR permite el análisis de amplificados polimórficos de longitud (*Amplified Fragment Length Polymorphisms, AMFLPs, AFLPs*) en minisatélites con rangos alélicos relativamente pequeños, como el locus minisatélite D1S80 (≈1000 pb). La unidad de repetición de D1S80 consta de 16 pares de bases y presenta alelos en el rango de 14-42 unidades de repetición que permiten la obtención de amplificados de menor tamaño que los obtenidos mediante Huella Genética ó Perfil de ADN SLP. El genotipado de D1S80 por AFLP proporciona un poder de discriminación de 0,928 entre individuos no emparentados en la población caucasoide residente en el País Vasco [15]. El análisis de este locus minisatélite D1S80 por AFLP fue ampliamente utilizado en Genética Forense, hasta el establecimiento del genotipado por loci STRs [16,17].

PCR de loci minisatélites de repetición variable (MVR-PCR)

La mayoría de los loci minisatélites hipervariables caracterizados hasta la fecha en el genoma humano están compuestos por bloques heterogéneos de dos o más tipos diferentes de unidades de repetición (*Minisatellite Variant Repeat, MVR*). Esto es, varían tanto en el número de repeticiones como en el patrón en el que las diferentes unidades de repetición se encuentran localizadas en el minisatélite, por lo que, el análisis de los patrones de disposición de las diferentes unidades de repetición presenta una mayor variabilidad que la sola separación de los alelos por diferencias en el tamaño.
El primer análisis del tipo MVR se realizó en el locus D1S8 o minisatélite MS32 [18].

Este locus contiene dos clases de unidades de repetición, ambas de 29 pb, denominadas "a" y "t", que difieren en la sustitución de una sola base, lo que a su vez determina la presencia o ausencia de un lugar de restricción de la enzima *HaeIII* [18].

Con posterioridad, se desarrolló un sistema de estudio de MVR por PCR (MVR-PCR), basado en el uso combinado de parejas de cebadores específicos que flanquean bien cada clase de repetición, bien la totalidad del locus minisatélite [19]. Esta metodología ha permitido detectar la elevada variabilidad de diversos minisatélites hipervariables humanos entre los que cabe destacar MS32 (D1S8) [19-22], MS31A (D7S21) [23,24], MS205 (D16S309) [25,26], CEB1 (D2S90) [27], g3 (D7S22) [28], YNH24 (D2S44) [29] y B6.7 [30,31].

EL ADN MICROSATÉLITE EN IDENTIFICACIÓN HUMANA

En la actualidad, la identificación humana se sustenta principalmente en el análisis de regiones de ADN microsatélite, también denominadas STRs (*Short Tandem Repeats*) o SSR (*Simple Sequence Repeats*), constituidas por repeticiones de 1-7 pb dispuestas en tándem desde 3 hasta 50 veces aproximadamente [32].

La primera ocasión en la que se empleó el genotipado de microsatélites con fines forenses fue en 1991, en el análisis de los restos óseos de una víctima de asesinato [33] y posteriormente en la identificación de Josef Mengele, apodado el Ángel de la Muerte de Auschwitz [34].

Hoy en día, se generan millones de perfiles genéticos de STRs en organismos gubernamentales, laboratorios privados y universidades, tanto para el esclarecimiento de hechos delictivos o diagnósticos de parentesco, como para identificación de personas desaparecidas o víctimas de desastres en masa [1].

Por otro lado, el análisis de un elevado número de loci microsatélites altamente polimórficos, constituidos principalmente por repeticiones CA, ha permitido reconstrucciones filogenéticas, que reflejan el origen geográfico de diferentes poblaciones con elevada exactitud. De este modo, se han podido establecer relaciones evolutivas entre diferentes grupos poblacionales y registrar una mayor diversidad en los loci analizados en las poblaciones africanas, lo que respalda la hipótexto del origen africano de nuestra especie [35].

Distribución genómica

La secuenciación del genoma humano permite la confección de un catálogo que recoja el número y la naturaleza de los loci STRs presentes en nuestro genoma [36,37]. Han sido caracterizados más de 20.000 loci STRs tetranucleotídicos [38] y se calcula que puedan existir más de un millón de loci STRs [7]. Estos loci STRs están ampliamente distribuidos en el genoma humano, localizándose como promedio cada 10.000 nucleótidos [36,37,39], de tal forma que suponen más del 4,3 % del total del genoma codificante y en concreto, el 2,87 % de los exones [40].

Tipos de loci STRs

Las secuencias de STRs pueden variar en el tamaño de la unidad de repetición, en el número de veces que se repite la unidad o unidades de repetición y en el rigor del patrón de repetición.

Teniendo en cuenta el tamaño de la unidad de repetición, en teoría, existen 4, 16, 64, 256, 1024 y 4096 unidades de repetición distintas para mono, di-, tri-, tetra-, penta- y hexanucleótidos, respectivamente [41].
Por otro lado, en función del número de tipos de unidades de repetición y el rigor del patrón de repetición los loci STRs pueden dividirse en 4 categorías: las repeticiones simples, que contienen unidades de idéntico tamaño y secuencia; las repeticiones compuestas, que comprenden dos o más repeticiones simples; las repeticiones complejas que están formadas por unidades de repetición de tamaño y secuencia variable [42] y por

último, las repeticiones complejas hipervariables que poseen numerosos alelos que difieren tanto en tamaño como en secuencia y por tanto ofrecen enormes dificultades en cuanto a la nomenclatura y a la reproducibilidad en el genotipado entre diferentes laboratorios [43,44].

Por todo ello, los loci STRs con repeticiones complejas hipervariables no suelen utilizarse en identificación humana, con la excepción del locus SE33 también denominado ACTBP2 [43].

Por último señalar que, no todos los alelos de un locus STR contienen unidades de repetición completas, de tal forma que a los alelos que contienen unidades de repetición incompletas se les denomina microvariantes.

El ejemplo de microvariante más representativo es el alelo 9.3 del locus TH01, que contiene nueve repeticiones tetranucleotídicas (AATG) y una repetición incompleta de 3 nucleótidos, debido a que la séptima unidad de repetición carece de una de las adeninas [45].

Ventajas del análisis de ADN microsatélite respecto al ADN minisatélite

Los loci seleccionados para su uso en identificación humana deben presentar características específicas, que permitan superar la dificultad de las muestras de ADN forenses en cuanto a degradación, escasez y mezclas de ADN y así poder obtener perfiles genéticos que posibiliten tanto la identificación humana, como la determinación de relaciones de parentesco [46].

La principal ventaja del análisis de microsatélites, radica en el reducido tamaño que presentan los alelos de estos loci (100-400pb), considerablemente inferior al de los loci minisatélites [47], lo que a su vez permite la estandarización de los análisis debido a que pueden realizarse por PCR (*Polymerase Chain Reaction)*.

En este sentido, las pequeñas diferencias de tamaño entre alelos de los loci STRs disminuyen la amplificación preferencial de los alelos de menor tamaño, que supone un problema importante en el análisis mediante loci minisatélites, ya que puede incluso dar lugar a pérdidas alélicas [48].

Cabe señalar también, que los Sistemas de Análisis Automático de Secuencias presentan resolución de una sola base en amplificados menores de 500 pb [47]

Por otro lado, el reducido tamaño de los loci STRs permite el desarrollo de reacciones multiplex capaces de analizar simultáneamente un elevado número de loci en un estrecho rango de tamaños (100-400pb) [49,50].
De esta forma, aunque los loci STRs se caracterizan por una variabilidad por locus menor que la referida para la mayoría de los loci minisatélites, el análisis simultáneo de varios loci STRs, permite obtener perfiles genéticos con probabilidad de coincidencia al azar menor de 10^{-19} [51], similares a las obtenidas mediante el uso de MLPs.

Por último cabe destacar que mientras que la cantidad mínima de ADN requerida para la obtención de un perfil genético completo de loci STRs es de aproximadamente 100 picogramos [52], para obtener una Huella Genetica o un perfil de ADN se precisa de una cantidad de ADN de uno, dos o hasta tres órdenes de magnitud mayor [47].

Por lo tanto, existen razones biológicas y tecnológicas para el empleo de loci STRs en lugar de loci minisatélites en el análisis de muestras de ADN altamente degradado y / o escaso, tanto en identificación humana como en la determinación de relaciones de parentesco.

Kary Mullis y La Reacción en Cadena de la Polimerasa (PCR)

La reacción en cadena de la polimerasa, o PCR, permite la estandarización de los análisis de loci microsatélites. La PCR, es un proceso enzimático cíclico que posibilita el incremento exponencial del número de copias de la región diana de ADN, de manera que la concentración obtenida de dicha región alcanza niveles analíticos [53,54].

La reacción de PCR se basa tanto en la capacidad de los cebadores oligonucleotídicos de ADN para discriminar entre cientos de miles de lugares de unión e hibridar específicamente con secuencias complementarias de ácidos nucleicos, como en el empleo de ADN polimerasas termoestables que a temperaturas de desnaturalización del ADN, son capaces de replicar la secuencia de ADN definida por los cebadores [53].

La ADN polimerasa más ampliamente utilizada en la PCR es la *Taq*, producida por la bacteria denominada *Thermus aquaticus* que habita en aguas termales [53].

Ventajas e inconvenientes de la PCR

La reacción en cadena de la polimerasa o PCR solventa dos de los más universales problemas existentes en la química de los ácidos nucleicos, ya que por un lado permite aislar la secuencia de ADN diana de su contexto biológico y por otro proporciona la amplificación *in vitro* cuasi infinita de esa secuencia [55].

Entre las ventajas que aporta la utilización la reacción de PCR a la Genética Forense destacan las siguientes: evitar la amplificación de ADN contaminante de origen bacteriano y fúngico mediante la amplificación específica de secuencias de ADN humano [56]; amplificar cantidades escasas de ADN molde, del orden de 100 pg (picogramos) e incluso cantidades menores referidas como LCN (*Low Copy Number*) [57]; amplificar fragmentos de ADN de reducido tamaño habituales en las muestras degradadas [58] y por último, las denominadas PCR multiplexes permiten la amplificación simultánea de un elevado número de secuencias específicas de ADN mediante el empleo de tantas parejas de cebadores como regiones de ADN se deseen amplificar [59].

Así mismo, se puede destacar dentro de los inconvenientes de la PCR que la amplificación de la secuencia de interés puede no tener lugar bien por la existencia de variaciones en la secuencia de hibridación de los cebadores [60], bien por inhibición de la reacción de PCR debido a la presencia de inhibidores tales como el ácido húmico, la melanina y el glucógeno [61] . Por otro lado, la reacción de PCR es susceptible de contaminación por la presencia tanto de ADNs distintos al de interés como por la de ADNs previamente amplificados [62].

Criterios de selección de loci STRs en identificación humana

Los criterios de selección de loci STRs con fines identificativos pueden designarse de la siguiente manera: elevado poder de discriminación y heterocigosidad, baja tasa de mutación, reducido tamaño, reducido rango alélico, bajo porcentaje de alelos tartamudos, localización cromosómica diferencial, robustez y reproducibilidad de resultados en formato multiplex y unidades de repetición simples o compuestas [44,63].

Elevado poder de discriminación y heterocigosidad

Debido a las diferentes necesidades no todas las aplicaciones relacionadas con la identificación humana requieren de loci STRs con idénticas características.

De manera general, es preferible que los loci seleccionados para su utilización en identificación humana presenten un elevado polimorfismo caracterizado por un poder de discriminación no inferior a 0.9 y una heterocigosidad superior al 70 %

En este sentido, se recomienda el uso de loci con mejores distribuciones de las frecuencias alélicas que TPOX y TH01 [46], cuyos alelos más comunes presentan frecuencias superiores al 25 % en poblaciones tales como caucasoide alavesa o bilbaína [64] [65].

Sin embargo, estos loci, a pesar de su reducido polimorfismo, poseen tasas menores de mutación, por lo que pueden ser eficaces en determinados diagnósticos de parentesco.

Baja tasa de mutación

La tasa de mutación no es un valor importante en la comparación directa de evidencias y sospechosos, puesto que las mutaciones ocurridas en la línea germinal son mantenidas a lo largo de toda la vida [46].

Sin embargo, las tasas de mutación pueden jugar un rol importante tanto en el diagnóstico de parentesco, como en su aplicación en la identificación de víctimas de desastres en masa [66]. Esto se debe a que las relaciones parentales se realizan bajo la asunción de que los alelos se mantienen estables en su paso de una generación a la siguiente, por lo que la presencia de mutaciones puede provocar falsas exclusiones.

Dado que las altas tasas de mutación de los loci STRs provocan su elevado polimorfismo y por lo tanto su eficacia en identificación humana, loci STR con elevada tasa de mutación, como SE33, FGA y D18S51, presentan también un mayor grado de polimorfismo.

Una excepción a esta observación la constituye el locus D21S11 debido a que a pesar de su elevado polimorfismo presenta una baja tasa de mutación. Esto es debido a que, los loci STRs con unidades de repetición complejas presentan menor tendencia al deslizamiento de la polimerasa, factor éste, responsable de gran parte de las mutaciones producidas. Además, señalar también que los métodos basados en la separación de tamaños no consiguen detectar aquellas mutaciones en las unidades de repetición que no modifiquen el tamaño total de la región repetitiva [56].

Reducido tamaño

Diferentes estudios han demostrado que las muestras de ADN altamente degradado pueden ser analizadas con mayor eficacia mediante amplicones de reducido tamaño [67-69]. Por ello, se recomienda la utilización de loci STRs de menor tamaño a los actuales que pueden llegar hasta 500 pb[63],[70]. En este sentido, se han caracterizado loci STRs de reducido tamaño con suficiente poder de discriminación para su utilización en identificación humana [71].

Reducido rango alélico

Los loci STRs con un amplio rango de alelos son más sensibles al efecto de la amplificación diferencial de alelos de alto y bajo peso molecular y a pérdidas alélicas de los alelos de mayor tamaño [63].

Por otro lado cabe señalar que, los loci STRs con un amplio rango de alelos y especialmente el locus FGA, se caracterizan por un alto poder de discriminación, pero como contrapartida consumen un elevado potencial de las STRs multiplexes.

En este sentido, puede lograrse un mayor poder de discriminación mediante el empleo de dos o más loci STRs moderadamente polimórficos que ocupen un menor espacio de producto de PCR [46].

Bajo porcentaje de alelos tartamudos

La sensibilidad en el análisis de mezclas de un sistema de identificación humana, depende en gran medida del porcentaje de alelos tartamudos (*stutters*) y del balance en la amplificación de heterocigotos (*Peak Height Ratio, PHR*) [72] , de tal forma que, se recomienda un bajo porcentaje de alelos tartamudos y un elevado valor de PHR para la correcta interpretación de dichas mezclas [73].

El PHR depende del tamaño del rango alélico de los loci y del grado de degradación del ADN analizado [58].

Los alelos tartamudos o bandas sombra, son amplicones que típicamente poseen una unidad de repetición menos que el alelo real debido al deslizamiento de la ADN polimerasa [74,75].

En este sentido, la utilización de loci STR con unidades de repetición imperfectas presentan reducidos porcentajes de alelos tartamudos, como TH01 [45] o VWA [75].

También se han reportado variaciones en los porcentajes de alelos tartamudos entre los alelos de un mismo locus STR, de tal forma que los alelos de mayor tamaño presentan mayor porcentaje de alelos tartamudos [58].

Por otro lado cabe señalar que, las repeticiones tetranucleotídicas son las más utilizadas en Genética Forense debido principalmente a su menor porcentaje de alelos tartamudos (*stutters*), aproximadamente del 15 %, en comparación con los STRs di- y trinucleotídicos, donde el porcentaje de alelos tartamudos puede superar el 30 %. Así mismo, los loci STRs tetranucleotídicos permiten una mejor resolución de los alelos separados por una única unidad repetición en individuos heterocigotos o en el análisis de mezclas [56].

Por su parte, las repeticiones penta- y hexanucleotídicas aunque menos frecuentes en el genoma humano pueden ser de gran interés en el análisis de mezclas debido a que presentan un porcentaje de alelos tartamudos del 1 %, como es el caso de los loci Penta D y Penta E [76].

Localización cromosómica diferencial

La localización cromosómica diferencial asegura que los loci STRs seleccionados no se encuentran ligados, de tal forma que es posible aplicar la regla del producto en la estimación de la probabilidad de coincidencia al azar de los perfiles de ADN que incluyen múltiples loci STRs [46].

En base a esto señalar que, si bien los loci STRs D21S11 y Penta D se encuentran en el cromosoma 21 separados por 24.4 megabases y así mismo, D5S818 y CSF1PO en el cromosoma 5 separados por 26.3 megabases, cientos de estudios poblacionales que incluyen ambas parejas de loci no han establecido desequilibrio de ligamiento alguno entre ellos [46], como era de esperar ya que los loci separados por más de un millón de pares de bases segregan independientemente [77].

Unidades de repetición simples o compuestas

Las unidades de repetición complejas, presentan variaciones internas que pueden provocar una ambigüedad en los resultados únicamente detectable a través del análisis de la secuencia. Aunque es poco probable que está característica afecte a la resolución de casos forenses se recomienda la utilización de loci STRs de repeticiones simples o compuestas [46].

Principales loci STRs utilizados en identificación humana

La información recopilada por J.M Butler en 2006, recoge la información relevante de los principales STRs utilizados en dentificación humana. [46].

Gran parte de estos loci STRs están incluidos en las bases de datos nacionales e internacionales de perfiles de ADN, que se abordan con mayor detalle en el apartado "Principales Bases de Datos de loci STRs", así como en las STRs multiplexes desarrolladas recientemente, descritas en profundidad a lo largo de los apartados "Estrategias Universales para el desarrollo de nuevas STRs multiplexes" y "Nuevas STRs multiplexes para el análisis de muestras de ADN altamente degradado".

Así mismo señalar que, se aporta información extra sobre dichos loci en los apartados "nomenclatura de STRs", "Tasas de mutación de loci STRs utilizados en Genética Forense" y "Criterios de selección de loci STRs en identificación humana".

Identificación de género mediante amelogenina

La capacidad para determinar si una muestra de ADN proviene de un hombre o de una mujer es de gran utilidad en los casos de agresiones sexuales, donde es importante distinguir entre la evidencia correspondiente a la víctima y al agresor.
Así mismo, las investigaciones sobre personas desaparecidas y desastres en masa pueden beneficiarse de la identificación de género de los restos biológicos analizados [46].

Existen diferentes métodos para la identificación de género mediante PCR [78,79]. El método más utilizado para el genotipado del sexo hoy en día es el sistema amelogenina que habitualmente se realiza conjuntamente con el análisis de loci STRs [49,68,70,72,80-93]. La amelogenina es un gen que codifica proteínas halladas en esmalte dentario y se halla tanto en el cromosoma X como en el Y.

El Servicio de Ciencia Forense Británico (*British Forensic Science Service*) fue el primero en diseñar cebadores específicos para el análisis de amelogenina, que continúan utilizándose actualmente en los laboratorios de ADN forense [78]. Estos cebadores flanquean una deleción de 6 pb localizada en el intrón 1 del gen amelogenina del cromosoma X. La amplificación PCR con estos cebadores resulta en productos de amplificación de 106 pb y 112 pb para los cromosomas X e Y, respectivamente.

En la misma publicación se describe una pareja de cebadores alternativos que flanquean la misma deleción de 6 pb y dan lugar a amplicones de 212 y 218 pb. Estos cebadores han sido analizados en conjunto con el VNTR D1S80 [94].

El análisis de amelogenina mediante PCR es extremadamente sensible ya que se ha conseguido realizar a partir de 20 pg de ADN e incluso en mezclas de ADN en las que el componente femenino se encuentra en una proporción 100 veces superior al componente masculino [95].

Por último señalar que, el estudio pormenorizado del gen amelogenina ha dado lugar al descubrimiento de 19 regiones de total homología entre los cromosomas X e Y con tamaños comprendidos entre 22-80 pb, de tal modo que pueden ser de interés para el diseño de diferentes parejas de cebadores [96].

Loci STRS del cromosoma Y

Los loci STRs del cromosoma Y son específicos de la porción masculina de las mezclas de ADN compuestas por ambos sexos, como las habitualmente halladas en los casos de agresiones sexuales [63].

Los loci del cromosoma Y pueden ser también de gran utilidad en las investigaciones de personas desaparecidas, determinados diagnósticos de parentesco, investigaciones históricas y en el estudio de genealogías genéticas, todo ello debido a que la mayoría del cromosoma Y es trasmitido de padres a hijos sin sufrir cambios por recombinación [46].

Una serie de loci STRs del cromosoma Y (Y-STRs) conocida como haplotipo mínimo (*Minimun Haplotype Loci, MHL*) ha sido ampliamente utilizada en identificación humana y genealogía genética [97].

El haplotipo mínimo fue seleccionado en base a los loci STRs disponibles en 1995, de tal forma que, originalmente incluyó los loci DYS19, DYS389I, DYS389II, DYS390, DYS391, DYS392, DYS393, así como el marcador polimórfico multicopia DYS385 [98,99].

En 2003, el subcomité del Grupo de Trabajo Internacional de Científicos de Métodos de Análisis de ADN SWGDAM (*Scientific Working Group on DNA Analysis Methods*) recomendó la inclusión en el haplotipo mínimo de dos loci Y-STRs adicionales DYS438 y DYS439 [100]. En la actualidad se continúa con el estudio de nuevos loci Y-STR a fin de incrementar el MHL [101].

Es importante señalar que a diferencia de lo que ocurre con los loci autosómicos, localizados en diferentes cromosomas [46], los resultados de cada Y-STR no pueden combinarse mediante la regla del producto. Esto se debe a que los loci Y-STR analizados forman haplotipos, dado que se encuentran en la región no recombinante del cromosoma Y [102].

Actualmente existen numerosas bases de datos poblacionales, resumidas en la página web http://www.cstl.nist.gov/biotech/strbase/y_strs-htm, que permiten la comparación entre diferentes haplotipos de Y-STRs.

En este sentido, destaca la denominada Base de Datos de Haplotipos de Cromosoma Y de Referencia (*Y-Chromosome Haplotype Reference Database*), dado que contiene más de 28.000 haplotipos mínimos de Y-STRs.

Actualmente, el análisis simultáneo de loci Y-STRs, puede realizarse mediante sistemas comerciales capaces de amplificar de un modo específico el componente masculino de una mezcla de ADN, incluso cuando se encuentra en una proporción 1000 veces inferior al componente femenino [103].

Origen de los microsatélites

La generación de microsatélites en el genoma parece ser un fenómeno no aleatorio, caracterizado por el desbalance entre mecanismos que previenen y aquellos que promueven la iniciación de microsatélites.

Estos loci pueden generarse mediante dos vías: de *novo* a partir de secuencias únicas [104], o a partir de formas primarias que son transportadas a través del genoma por elementos móviles [105].

Proto-microsatélites y "Ciclo vital" de microsatélites

Diferentes estudios han concluido acerca de la necesidad de un número mínimo de repeticiones, que forman los denominados proto-microsatélites, para que los procesos de deslizamiento puedan posteriormente extender dicho número de repeticiones [104].
Estos proto-microsatélites se caracterizan por poseer 3-4 unidades de repetición localizadas entre secuencias simples, sin una disposición en tándem definida [106]. A su vez, pueden originarse por procesos de sustituciones e inserciones de bases que sirven de sustrato para expansiones posteriores. Dicha hipótexto se basa en la tendencia en las inserciones de copiar las bases adyacentes y crear de esta manera proto-microsatélites [107,108]. De manera que, más del 70% de las inserciones de 2-4 nucleótidos dan lugar a 2-5 nuevas repeticiones, la mayoría de las cuales no son extensiones de repeticiones preexistentes, sino nuevos microsatélites originados a partir de secuencias al azar [107].

Por otro lado cabe señalar que, estudios recientes han sugerido que el equilibrio existente en la longitud de las repeticiones de los STRs, es el resultado del balance entre deslizamiento durante la replicación que fomenta el crecimiento, y las mutaciones puntuales que provocan la interrupción de largas regiones repetitivas y generan por tanto regiones repetitivas de menor tamaño [109].

Así mismo, la acumulación de dichas mutaciones puntuales en las unidades de repetición, provoca a su vez una disminución en la tasa de deslizamiento, lo que conduce al proceso comúnmente denominado "muerte de microsatélites" [107].

No obstante, puede producirse un proceso de "resurrección" a partir de estas secuencias simples sin patrón de repetición en tándem definido, que pueden funcionar a modo de proto-microsatélites, si nuevamente se supera el umbral de tamaño para la expansión por deslizamiento.

De esta manera se completa el "ciclo vital" propuesto por primera vez por Amos [110] y posteriormente desarrollado por Chamber y MacAvoy [10], a partir de estudios basados en la comparación de las secuencias de diferentes genomas, de modo que podría constituir un modelo adecuado para describir la evolución de los microsatélites, [111].

Elementos Alu en la generación de loci STRs

Tanto los loci STRs como los elementos intercalados de ADN repetitivo *Alu* (*Alu Interspersed Repeated DNA Elements*) forman parte de las secuencias repetitivas que constituyen el 50-60 % del genoma humano. Hasta la fecha, se han reportado numerosas asociaciones entre ambos tipos de regiones repetitivas [112-115].

Las secuencias de ADN repetidas intercaladas se clasifican en SINE (*Short Interpersed Element*) y LINE (*Long Interspersed Element*) [116], de tal manera que, las repeticiones *Alu* son las SINE más abundantes en los genomas de primates, al presentarse en un número aproximado de medio millón de copias por genoma haploide [117].

Cabe señalar que, las repeticiones *Alu* son capaces de trasladarse de un punto a otro del genoma mediante un proceso conocido como retroposición [118].

Este proceso abarca la generación de un transcrito por parte de la RNA polimerasa III y su integración, mediante escisiones en la hebra de ADN, en regiones del genoma ricas en AT [119].

En cuanto a su estructura, los elementos *Alu* están también flanqueados por secuencias repetitivas. De tal manera que, presentan una cola oligo (dA) en 3´ que funciona como promotor interno para la ARN polimerasa III, y regiones ricas en A localizadas en la zona media del elemento *Alu* [120].

Estas características, indican que los elementos *Alu* puedan contribuir en la generación de loci microsatélites [117].

En este sentido cabe destacar que, existen aproximadamente 50.000-100.000 copias de repeticiones en tándem AC intercaladas a lo del genoma humano [121,122], de tal manera que el 17 % de ellas se encuentran en regiones *Alu* en los oligos (dA) bien de la cola 3´, bien de la región media. Lo que sugiere una asociación entre estas regiones de los elementos *Alu* y las repeticiones AC [117].

Modelos de asociación entre loci STRs y elementos Alu

La asociación entre STRs y elementos *Alu* puede deberse a diferentes causas, explicadas a continuación mediante tres modelos.

El primero de los modelos describe que, el elemento *Alu* puede integrarse en un microsatélite preexistente, de modo que las regiones flanqueantes del elemento *Alu* resultantes sean unidades de repetición que puedan contraerse o expandirse con el tiempo.

Así mismo, el segundo modelo sugiere la posibilidad de que los diferentes STRs se generen por medio de mutaciones en los oligos (dA) de la cola 3´ producidas durante el proceso de transcripción reversa.

En el tercer modelo, se argumenta que puesto que dichos oligos (dA) son repeticiones mononucleotídicas, pueden acumular mutaciones al azar y ser objeto de idénticos mecanismos mutacionales recombinatorios y/o de deslizamiento de la ADN polimerasa, que den lugar a su vez, a expansiones de las unidades repetitivas.

Por tanto, el segundo y tercer modelo apuntan a los oligos (dA) de las regiones *Alu* como fuente de generación de loci STRs.

Estudios de Alu en relación a la generación de loci STRs

Alrededor del 85 % de los elementos *Alu* del genoma humano, pertenecen a familias generadas hace 55-65 millones de años [118], si bien existen también elementos *Alu* recientes, debido a que la retroposición es un proceso en constante actividad [123-127].

El estudio de los elementos *Alu* más recientes, ha proporcionado evidencias de la generación de loci STRs tras la inserción de elementos *Alu*, ya que estos muestran principalmente oligos (dA) en la cola 3´, a diferencia de los elementos *Alu* más antiguos presentan un mayor variabilidad en dichas regiones [126,128].

Así mismo, se ha observado en los oligos (dA) de la cola 3´ una mayor presencia de loci STRs que, en las secuencias más cortas y ricas en A de la región media de las inserciones *Alu* [117].

Cabe señalar que, pese a los esfuerzos realizados en este sentido, en gran parte de las asociaciones entre loci STRs y elementos *Alu*, resulta complicado distinguir entre el segundo y el tercer modelo descritos con anterioridad [117].

No obstante, la elevada densidad de los elementos SINE y LINE no coincide siempre con una alta densidad de microsatélites [129,130], por lo que en la actualidad todavía se cuestiona el rol de los retrotransposones en la generación de microsatélites [111].

Mecanismos mutacionales relacionados con STRs

Teóricamente todos los alelos que existen actualmente para cada locus STR provienen de un pequeño número de individuos fundadores y son consecuencia de la acumulación de procesos mutacionales, ocurridos desde el evento fundacional [131].

Las secuencias STRs son excepcionalmente vulnerables a las inserciones o deleciones espontáneas [132]. La inestabilidad de los loci STRs se manifiesta principalmente como cambios en el número de repeticiones [7].

Los mecanismos moleculares por los que mutan los loci STRs se relacionan con procesos de recombinación [133], así como con el deslizamiento (*slippage*) durante la replicación [7,134,135] y durante la recombinación [136-138]. Así mismo, cabe destacar el efecto de la maquinaria MMR (*Mismatch Repair*) en los procesos de deslizamiento [139] y el deslizamiento ocurrido en la secuencias del tipo INDELs (Inserciones / deleciones) [140].

Recombinación

La recombinación es el intercambio de material genético entre cromosomas homólogos que tiene lugar durante la meiosis I, de tal manera que se producen nuevas combinaciones de cromátidas en los gametos, diferentes a las halladas en las células parentales. El proceso comienza cuando los cromosomas homólogos se emparejan mediante un sistema proteico denominado complejo sinaptonémico y se produce una rotura de doble hebra en la posición conocida como quiasma, seguida todo ello por la acción de una exonucleasa que genera extremos de hebra sencilla de entre 600-800 nucleótidos a ambos lados del punto de rotura de doble hebra. Cada uno de los extremos se alinea con su secuencia complementaria en una de las cromátidas no hermanas y sirve como molde para la acción de la ADN polimerasa. De esta manera, se forma la estructura *Holliday*, que se resuelve mediante endonucleasas específicas de secuencia, posibilitando así la producción de las nuevas combinaciones de cromátidas [141].

La recombinación homóloga es un mecanismo de reparación de roturas de doble hebra, al igual que la recombinación de extremos no homólogos y el alineamiento de hebra única

[142-146]. La recombinación produce variabilidad genética y favorece la generación de nuevos alelos de los loci STRs, mediante los procesos conocidos como entrecruzamiento desigual y conversión génica [136,147,148]. Estos procesos pueden producir contracción o expansiones de la región repetitiva [148], de modo que muchas investigaciones destacan el importante rol de ambos mecanismos en la desestabilización de los loci STRs y en la alteración de su tamaño [136,147,148].

La mayor parte de las recombinaciones dan lugar a entrecruzamientos cromosómicos en los que el intercambio de material genético es equitativo entre las cromátidas no hermanas. Sin embargo, en secuencias de elevada similitud como en los loci STRs, puede producirse un desapareamiento en el alineamiento entre hebras y en consecuencia un entrecruzamiento cromosómico desigual, de manera que en una de las cromátidas se produzca una deleción y en la otra una inserción [141]. Por su parte, la conversión génica es un tipo de recombinación que se caracteriza por que tras la formación de la estructura *Holliday*, una secuencia de ADN es transferida de una doble hélice que se mantiene intacta, a otra doble hélice, por lo que puede dar lugar a patrones de herencia no Mendeliana [149].

La recombinación no se produce al azar en el genoma, si no que se genera en regiones de pequeño tamaño denominadas "lugares calientes de recombinación" (*recombination hotspots*) [150,151], de tal forma que ocurre en regiones de 1-2.5 Kb separadas por espacios de 50-100 Kb que raramente recombinan [152-154]. Diferentes estudios han sugerido que repeticiones dinucleotídicas [155-157], así como también un amplio rango de STRs [111] pueden actuar como lugares calientes de recombinación, de modo que se ha propuesto que la recombinación resulta mutagénica para los microsatélites [137,158].

No obstante, existen dudas de si dichos procesos recombinatorios influyen en la variabilidad de los microsatélites de la misma manera que afectan a la de los minisatélites [7,159]. De hecho, no se ha hallado asociación alguna entre la variabilidad de loci STRs y la tasa de recombinación tras el estudio de varios centenares de miles de pares de bases [160,161].

Deslizamiento durante la replicación del ADN

El deslizamiento es un proceso que tiene lugar principalmente durante la replicación del ADN, en el que la ADN polimerasa se separa de la hebra molde para volverse a unir en un lugar diferente de la región repetitiva, de manera que puede provocar expansiones o contracciones de la secuencia de la nueva hebra de ADN [111]. Este proceso, es frecuente en secuencias repetitivas como loci STRs y puede ser el causante en parte de las elevadas tasas de mutaciones de estos loci [162,163].

Algunos estudios recientes han sugerido que el equilibrio existente en la longitud de las repeticiones de los STRs, es el resultado del balance entre deslizamiento y mutaciones puntuales [164].

De modo que, el deslizamiento durante la replicación fomenta el crecimiento, mientras que las mutaciones puntuales provocan la interrupción de largas regiones repetitivas y generan por tanto regiones repetitivas de menor tamaño [109]. A su vez, como resultado de los procesos de deslizamiento se eliminan también las mutaciones puntuales de los loci

STRs. La susceptibilidad que presentan los microsatélites a padecer mutaciones por deslizamiento en tasas que dependen principalmente de la secuencia, longitud y pureza de la unidad de repetición. De manera que, cuando las mutaciones puntuales tienen lugar en un STR compuesto por unidades de repetición perfectas, se reduce la tasa de mutación por deslizamiento para el loci STR [111].

Estos cambios en las frecuencias relativas de mutaciones puntuales y eventos de deslizamiento, probablemente tengan un efecto directo en la acumulación de STRs de elevada longitud en los genomas, mientras que las altas tasas de deslizamiento puede que fomenten la generación de STRs de mayor tamaño [164].

Por último cabe señalar que, los errores de emparejamiento por deslizamiento durante la replicación del ADN, no explican la totalidad de la variabilidad de los loci STRs [165].

Deslizamiento durante la reparación dependiente de la recombinación

La interacción entre deslizamiento y reparación dependiente de recombinación desigual puede tener lugar en la estructura *Holliday*. Estas regiones sufren la corrección dependiente de replicación, por lo que el deslizamiento puede producirse también en tractos de recombinación que abarquen bloques de STRs [136].

De manera similar, en levadura se producen esta clase de eventos de deslizamiento en mecanismos de reparación asociados con conversión génica, que conducen a la expansión o la contracción de los STRs, con una frecuencia 800 veces superior a la correspondiente al deslizamiento durante la replicación [148]. Así pues, los procesos de deslizamiento durante la replicación y durante la reparación dependiente de recombinación podrían interactuar afectando a la estabilidad de los loci microsatélites.

Por otro lado, se ha publicado que el deslizamiento durante el sistema de reparación dependiente de recombinación podría tener influencia en la relación entre la longitud media de la repetición STRs y la distancia del locus STR desde el centrómero, en cuanto al número de alelos y la varianza en el tamaño de la repetición [138, 166]. Así mismo, estos mecanismos pudieran estar relacionados con la expansión de trinucleótidos asociados a desórdenes neurológicos [147,148].

Maquinaria MMR durante el deslizamiento

Así como los experimentos *in vitro* han demostrado una elevada tasa de deslizamiento [167,168], se observa que *in vivo* dicha tasa se ve reducida entre 100-1000 veces, debido sobre todo a la actividad *proofreading* de la DNA polimerasa y a la maquinaria MMR [166,169].

Las proteínas MMR se hallan en un amplio rango de especies y son responsables de la corrección de los errores producidos durante la replicación y de la supresión de la recombinación entre secuencias diferentes [170].

La eficiencia de MMR es crítica en la tasa de deslizamiento de loci STRs, debido básicamente a las diferencias existentes entre especies en cuanto a la capacidad de sus respectivas maquinarias MMR para la detección de bucles de diferentes tamaños resultantes del deslizamiento [139].

De hecho, la deficiencia de MMR estudiada en *Drosophila melanogaster* provoca un aumento en el número de repeticiones de los loci STRs, de tal manera que dicha maquinaria podría ejercer de umbral para evitar así el crecimiento ilimitado de las regiones repetitivas [171].

Deslizamiento INDEL

A diferencia del deslizamiento durante la replicación, que depende del tamaño de la region repetitiva, el deslizamiento INDEL es independiente del mismo y actúa en regiones de pocas repeticiones en una tasa constante [140]. Así pues, la observación de que durante las inserciones habitualmente se copia la secuencia flanqueante y de esta manera se genera un nuevo pequeño microsatélite, respalda este modelo en el que los procesos de tipo INDEL tienden a duplicar secuencias cortas [107,108]

Modelos mutacionales de loci microsatélites

Se necesita de modelos mutaciones que expliquen la evolución de microsatélites y permitan a su vez la estimación de las distancia genéticas existentes entre dos grupos de individuos, a partir de los datos de frecuencias alélicas de cada uno de ellos.

La estimación de parámetros poblacionales, tales como: el número de migrantes, la estructura de la población y el tamaño de población efectiva, son altamente dependientes del modelo mutacional asumido para el marcador molecular seleccionado. En el caso de los microsatélites, esta dependencia es muy fuerte debido a la elevada tasa de mutación de estos loci [111].

Stepwise Mutational Model (SMM)

El concepto de SMM fue acuñado por Ohta y Kimura para los alelos electroforéticos, de modo que según este modelo todos los procesos mutacionales comprenden el cambio de una sola unidad de repetición, a una tasa de mutación constante y bien pueden suponer una expansión o contracción, dependiendo respectivamente de si la mutación consiste en la ganancia o pérdida de una unidad de repetición [172].

Se trata por tanto de un modelo formado por cambios simétricos al azar en el número de unidades de repetición y que a su vez no sobrepasan un límite inferior. Siguiendo este modelo, se observa que la longitud del microsatélite varía en una tasa fija independiente del tamaño.

El modelo SMM habitualmente se considera adecuado en la estimación del parentesco entre individuos y en la subestructuración poblacional, excepto en aquellos casos en los que la homoplasia está presente [111]. En el campo de los microsatélites la homoplasia normalmente hace referencia a la homoplasia de tamaño, tal y como ha sido descrito entre alelos dentro de una misma especie [173,174]. De modo que, si un loci microsatélite evoluciona según el modelo SMM, el grado de homoplasia dependerá de la tasa de mutación del locus y del tiempo de divergencia de las dos poblaciones.

Así mismo señalar que, la homoplasia de tamaño provoca la subvaloración de las subdivisiones poblacionales. A pesar de esta limitación, se supone que el modelo SMM está más adaptado a la variación de los loci microsatélites que el modelo clásico de los infinitos alelos (*Infinite Allele Model*, IAM).

No obstante, en la práctica se han detectado mutaciones que implican el cambio de más de una unidad de repetición [160,171,175]. El modelo *Two-Phase Model* (TPM) fue desarrollado como una extensión del SMM y con el fin de considerar también estos eventos mutacionales [176]. TPM y SMM comparten la asunción de que los microsatélites mutan en una tasa constante, independientemente del tamaño de la repetición, así como de que no existe tendencia hacia la expansión o contracción, por lo que estos modelos predicen el crecimiento y decrecimiento incontrolado de los loci microsatélites [177].

Para explicar la limitación existente en el crecimiento de los loci STRs, se recurre al modelo *Proportional Slippage/Point Mutation (PS/PM) Model,* que prevé la existencia de una distribución en equilibrio de la longitud de las repeticiones, a través del balance entre procesos de deslizamiento y mutaciones puntuales [164,178]. Las dos características claves de este modelo son: la dependencia de la tasa de mutación respecto a la longitud del microsatélite y los procesos mutacionales que incluyen tanto deslizamiento como mutaciones puntuales. Según este modelo, las mutaciones puntuales limitan las repeticiones perfectas y la tasa de deslizamiento de las mismas, si bien los microsatélites han de presentar un número mínimo de unidades de repetición para ser susceptibles de expansión por deslizamiento de la ADN polimerasa.

El hecho de que los microsatélites de mayor tamaño muten con mas frecuencia que los de menor tamaño, unido a la presencia de mutaciones puntuales en algunas repeticiones, así como que los microsatélites por debajo de una longitud umbral tiendan a expandirse y por encima de otra longitud tiendan a contraerse, hacen de éste un modelo interesante para la evolución de microsatélites, dado que permite establecer las tasas de deslizamiento a partir de las secuencias de ADN [111].

Por lo tanto, podemos distinguir al menos dos características diferentes entre los modelos mutacionales. Se observa en primer lugar, las mutaciones producidas en una fase respecto de aquellas producidas en dos fases y en segundo lugar, la presencia o ausencia de la tendencia a la mutación que determinará a su vez el modo en el que la longitud de la repetición afecte a la probabilidad de la expansión del STR a través de mutaciones.

Tasas de mutación de loci STRs utilizados en Genética Forense

La tasa de mutación de un locus puede definirse como el número de mutaciones que pueden ocurrir en dicho locus por generación. Las altas tasas de mutación de los loci STRs (6.6-8) provocan su elevado polimorfismo, lo que por un lado convierte a estas regiones en herramientas de elevada eficacia en identificación humana, mientras que por otro lado pueden resultar un inconveniente en el diagnóstico de parentesco, debido a que las mutaciones pueden causar falsas exclusiones [46].

Las tasas de mutación de los loci STRs están comprendidas entre 10^{-2} y 10^{-6} sucesos mutacionales por locus y generación, por lo que son muy altas comparadas con las tasas de mutaciones puntuales de las regiones codificantes. Hecho éste que se relaciona con la abundancia genómica de los loci STRs.

Puesto que la tasa de mutación media de los loci STRs utilizados en identificación humana es menor que 0.1 %, es necesario estudiar aproximadamente 1000 trasmisiones alélicas para así poder observar una mutación en determinados loci STRs [163].

En este sentido, tras el examen 10844 transferencias alélicas progenitor-descendencia se observaron 23 mutaciones, en 6 de los 9 loci STRs analizados, en concreto en FES, VWA, D12S391, D21S11, FGA y SE33, mientras que no se observó ninguna en los loci TH01, F13B y CD4 [179].

Así mismo, el estudio de 29640 transferencias alélicas progenitor-descendencia en 5 loci STRs y 4 minisatélites reveló 18 sucesos mutacionales, 11 de los cuales tuvieron lugar en D3S1358, VWA y TH01, mientras que dos de los STRs, TPOX y FEX/FPS no presentaron mutaciones detectables [180].

Distribución no aleatoria y función de los loci STRs

Los loci STRs presentan frecuencias mayores que las previstas, si se tiene en cuenta únicamente su composición de bases [181,182].

La selección natural parece ir en contra de la distribución al azar de las expansiones y contracciones de los loci STRs, debido a que parte de estas estructuran son funcionalmente importantes para la regulación de la actividad génica, la organización de la cromatina, y el ciclo celular.

No obstante, en la actualidad se desconoce el origen y la función biológica de gran parte de los loci STRs [183].

Por el contrario, es sabido que multitud de microsatélites actúan como promotores en los procesos de recombinación [137], de tal modo que en situaciones de estrés estas regiones podrían actuar como mecanismo adaptativo [184].

Factores que afectan a la distribución y a la tasa mutacional de los loci STRs

Diversos factores como la longitud de la unidad de repetición y del alelo y la localización cromosómica, afectan a la distribución no aleatoria de los loci STRs, ya que pueden afectar a su tasa mutacional.

Longitud de la unidad de repetición

Las repeticiones dinucleotídicas son más frecuentes y presentan mayor longitud que las repeticiones tetranucleotídicas, debido a que las expansiones son más comunes que las contracciones entre repeticiones dinucleotídicas [185], así como a que la tasa de deslizamiento (*slippage*) está inversamente relacionada con el tamaño de la unidad de repetición [168].

Localización cromosómica

La frecuencia de recombinación en humanos está generalmente reducida cerca de las regiones centroméricas de los cromosomas y tiende a ser mayor en las regiones teloméricas. De manera que, a medida que aumenta la distancia respecto al centrómero, la diversidad de loci STR es mayor tanto en número de alelos como en la variabilidad del tamaño de la repetición [183].

Del mismo modo, se han descrito importantes diferencias en las tasas mutacionales de loci STRs, debidas a las proteínas MMR, al sexo, a la metilación y a la edad.

Número de repeticiones

Durante el proceso de replicación se observa que un elevado número de repeticiones proporciona más oportunidades para desapareamientos en el realineamiento de la nueva hebra. Así mismo, se considera que los alelos de mayor tamaño, son más susceptibles a procesos de desapareamiento por deslizamiento [186].
En este sentido estudios recientes muestran que podría existir una relación exponencial entre la tasa de mutación y el número de repeticiones de loci microsatélites [187].

Perfección de la unidad de repetición

Los microsatélites de unidades de repetición imperfectas parecen presentar menores tasas de mutación [188]. Se ha propuesto que la acumulación de imperfecciones en las unidades de repetición de microsatélites provoca la pérdida de las características propias de estos loci como la alta tasa de deslizamiento, proceso comúnmente denominado "muerte de microsatélites" [107].

Secuencia flanqueante

En algunos estudios se ha observado una asociación negativa significativa entre la diversidad alélica y el contenido de GC en la región flanqueante de loci microsatélites, así como también entre el contenido GC y el número de repeticiones [189]. Por el contrario en otros trabajos no se ha podido establecer dicha relación [190].

Recombinación

Si bien se ha establecido una correlación positiva entre la variabilidad en microsatélites y su tasa de recombinación [191], aun no se han publicado evidencias concluyentes en este sentido [129]. No obstante, recientes estudios sobre loci microsatélites humanos indican que los mecanismos mutacionales de microsatélites, bien podrían ser independientes de su tasa de recombinación [160].

Proteínas MMR

Las proteínas MMR (*Mismatch Repair*) se han relacionado con la corrección de los errores sucedidos en la replicación y la inhibición de la recombinación entre secuencias diferentes [170,192], de tal manera que, pueden afectar más a la inestabilidad de las regiones STRs que los propios procesos de deslizamiento y recombinación [183].

En este sentido, se ha publicado que ante un sistema MMR defectuoso, las secuencias codificantes repetitivas, son más proclives a sufrir mutaciones puntuales en tumores humanos [193-196].

Sexo

El sexo parece influir en la tasa de mutación de las líneas germinales, tal y como sugirió por primera vez Haldane en 1935 [197], dado que en general se han observado mayores tasas de mutación en secuencias no codificantes en el cromosoma Y que en el cromosoma X [198,199], aunque también se han realizado interpretaciones alternativas [200-202].

Cabe señalar que, el estudio de tasas mutacionales en secuencias no codificantes de loci autosómicos, ha revelado una proporción de 4.9 mutaciones transmitidas por vía paterna respecto a las transmitidas por vía materna [203].

La mayor tasa de mutación en la línea germinal masculina ha sido habitualmente interpretada, como una consecuencia del mayor número de divisiones mitóticas en la espermatogénesis respecto a la oogénesis [204].

En este sentido, la diferencia está determinada por la edad de reproducción del sujeto masculino, puesto que el número de divisiones mitóticas en la línea germinal masculina aumenta con la edad [205]. No obstante cabe reseñar que hay autores que tachan dicha interpretación de simplista [165].

Por otro lado, la mayor tasa de mutación en las líneas germinales masculinas respecto a las femeninas, se ha relacionado con el mayor grado de metilación de las líneas masculinas [206].

Interacción e implicaciones de la heterocigosidad y las tasas de mutación

Actualmente y de forma general se asume que los dos parámetros fundamentales en Genética de Poblaciones, la tasa de mutación y el tamaño poblacional son independientes [207].

No obstante según Amos, ambos parámetros podrían ser interdependientes a través de la heterocigosidad, ya que cualquier secuencia de ADN tiende a ser más heterocigota en poblaciones de gran tamaño que en aquellas de tamaño reducido, debido principalmente a que la distancia media que las separa del ancestro común es proporcional al tamaño poblacional. Por lo que consecuentemente, si los loci heterocigotos presentan una mutabilidad elevada, las poblaciones de gran tamaño tenderán a poseer tasas de mutación relativamente mayores [176].

Los loci en heterocigosis en un individuo en particular, pueden interpretarse como "desapareamientos" que puedan ser "reparados" por conversión génica. Así, en levaduras, la conversión génica abarca aproximadamente 1.5 kilobases [208] y consiste en la eliminación de una hebra y su nueva síntexto utilizando la otra hebra como molde [208].

Si los desapareamientos inducen la conversión génica, tal y como sugiere el rol integral que juegan estos eventos en el mecanismo de reparación por desapareamiento [209], las regiones cercanas a dicho desapareamiento experimentarán fases adicionales de síntexto de ADN que pueden aumentar la tasa de mutación por tres vías diferentes.

En primer lugar, el sistema de reparación en sí mismo puede reemplazar el desapareamiento de una de las hebras por el equivalente en la otra hebra.

A través de una segunda vía, los sistemas de reparación asociados a eventos de tipo conversión génica comprenden una fase adicional de síntexto de ADN en la que pueden producirse errores, lo que aumenta la tasa de mutación de estas regiones así como la posibilidad de que se produzca la agrupación de estas mutaciones [210].

En este sentido cabe destacar que, en regiones polimórficas de tipo INDELs se ha observado que tanto la diversidad nucleotídica como la divergencia interespecífica, decrecen a medida que aumenta la distancia respecto a dichas regiones [211].

En tercer lugar cabe citar que, los loci microsatélites presentan polimorfismos de longitud, por lo que la fase adicional de síntexto de ADN constituye una posibilidad adicional para que se produzcan procesos de deslizamiento, de tal manera que la heterocigosidad puede retroalimentarse así misma, ya que las mutaciones adicionales pueden aumentar la heterocigosidad y ésta a su vez, eleva la tasa de mutación [111].

Efecto de la heterocigosidad en la evolución de loci polimórficos

De la misma manera, Amos et al. han observado que los alelos de microsatélites de cualquier longitud son más susceptibles de sufrir mutaciones cuando su homólogo es excepcionalmente diferente en longitud, así como que la predictibilidad de la longitud de los loci microsatélites es acorde con la inestabilidad de la heterocigosidad, lo que a su vez ejerce un importante efecto en la evolución de los microsatélites [176].

En cuanto a dicho posible efecto en la evolución, Amos et al. han propuesto que la heterocigosidad podría jugar un importante papel adaptativo, de tal modo que en regiones donde la selección natural actúa para eliminar la variabilidad, los polimorfismos serán infrecuentes y la heterocigosidad no tiende a aumentar la tasa de mutación. Mientras que, en aquellas regiones donde la selección favorezca la aparición de mutaciones, como ocurre en los genes relacionados con la inmunidad [212], la heterocigosidad aumenta la tasa de mutación local, de tal forma que se tiende a la generación de mutaciones en aquellos lugares donde puedan resultar más beneficiosas [176].

Nomenclatura de loci STRs

Ante la necesidad de posibilitar la reproducibilidad y comparación de perfiles genéticos de loci STRs, el Comité de Científicos de ADN Forense (*DNA Commission of the International Society for Forensic Haemogenetics, ISFH*), actualmente conocido como *International Society of Forensic Genetics* (ISFG; ver http://www.isfg.org/), desarrolló una nomenclatura común para la designación de alelos de loci STRs [213], centrándose en las escaleras alélicas y en la designación de microvariantes.

Posteriormente en 1997 dicha nomenclatura fue revisada y ampliada, estableciéndose los criterios básicos respecto a la elección de la hebra, de la unidad de repetición y de la designación de alelos [213]:

Elección de la hebra

La hebra codificante se ha considerado referencia en aquellos loci STRs situados en regiones codificantes o intrónicas, como VWA (GenBank: M25716), TPOX (GenBank: M68651) y CSF1PO (GenBank: X24720).

Asimismo, en aquellos loci no relacionados con regiones codificantes, se empleará la secuencia descrita en la primera publicación sobre dicho STR, como en D18S51 (GenBank: L18333) y D21S11 (GenBank: M84567).

Por último, en aquellos casos en los que la nomenclatura haya sido establecida de forma previa no se cambiará para evitar innecesarias confusiones.

Elección de la unidad de repetición

La unidad de repetición de un locus STR se define como la primera secuencia repetitiva de nucleótidos presente en el extremo 5´ de la hebra de referencia.

Designación alélica

Los alelos de un determinado locus STR se designan por el número de veces en los que se observa la unidad de repetición. En aquellos alelos que incluyan unidades de repetición incompletas se añade a la nomenclatura para su designación, separado por un punto, el número de pares de bases que conforman dicha repetición incompleta.

Se han designado en base a este criterio y a modo de ejemplo, el alelo 9.3 del locus STR TH01 que contiene 9 tetranucleótidos completos y una repetición incompleta de tres bases [45] y la microvariante 22.2 del locus FGA, compuesta por 22 tetranucleótidos y una repetición incompleta de dos nucleótidos [214].

Análisis de amplicones marcados mediante electroforesis capilar en analizadores automáticos de ADN

Los analizadores automáticos de ADN basados en la electroforesis capilar, permiten la identificación de la secuencia de nucleótidos que componen un amplicón. De la misma manera, posibilitan también, la determinación del tamaño en pares de bases de un elevado número de amplicones marcados.

Este proceso ha sido ampliamente utilizado en la determinación de la longitud de los amplicones de loci STRs [1] para así establecer el número de repeticiones presentes en cada uno de los alelos del perfil de ADN.

En este sentido conviene concretar que, las ventajas de la electroforesis capilar respecto a otras técnicas residen en el amplio espectro de análisis, en la variedad tanto de los modos de separación como de los modos detección y en los requerimientos mínimos de cantidad de muestra [215].

Evolución de los sistemas de genotipado de loci STRs mediante electroforesis capilar

En los primeros métodos de genotipado de STRs por electroforesis capilar se utilizaba la detección por UV o la fluorescencia de un solo color inducida por láser [216]. En estos casos era necesario el análisis de estándar internos entre las muestras o de escaleras alélicas, para un correcto genotipado de los alelos de loci STRs [217].

En este sentido, el desarrollo en 1995 del analizador automático de *ADN ABI Prism 310 Genetic Analyzer*, con fluorescencia multicolor supuso un punto de inflexión en el genotipado de STRs, puesto que la capacidad de examinar más de una longitud de onda simultáneamente durante la electroforesis, permite obtener una densidad más alta de información genética.

Así mismo, en 2001 salió al mercado el *ABI 3100* (Applied Biosystems™, Foster City, CA) que ofrece la posibilidad de aumentar el rendimiento mediante el uso simultáneo de 4, 8 o 16 capilares.

Fundamento teórico del genotipado de loci STRs mediante electroforesis capilar

El genotipado de loci STRs por electroforesis capilar multicolor se caracteriza por que cada amplicón ha sido marcado fluorescentemente durante la PCR. No obstante y a diferencia de lo que ocurre en la secuenciación de ADN, en lugar de marcar cada uno de los nucleótidos, son los cebadores directo ó reverso los que llevan unido un fluorocromo.

La electroforesis capilar permite la separación de los diferentes amplicones en función de su tamaño, de tal forma que éste puede ser calculado con precisión gracias a la comparación con el tamaño de un estándar interno, el cual a su vez migra por el capilar al mismo tiempo que cada una de las muestras analizadas.

Posteriormente, un detector láser acoplado al *Data Collection software* (Applied Biosystems™, Foster City, CA) registra la fluorescencia emitida tanto por el cebador de cada amplicón que migra por el capilar, como por cada fragmento de tamaño previamente conocido del estándar interno.

A continuación, el *GeneScan software* (Applied Biosystems™, Foster City, CA) separa los picos correspondientes a cada color, gracias a la aplicación de una matriz que cuantifica el porcentaje de fluorescencia correspondiente a cada color en las diferentes longitudes de onda.

Una vez identificados los picos y los colores de los mismos, el *GeneScan software* (Applied Biosystems^{TM}, Foster City, CA) puede determinar el tamaño de cada uno de los amplicones marcados correspondientes a loci STRs, mediante la realización de un cálculo de regresión en base a los tiempos de migración de los fragmentos del estándar interno [1].

El genotipado de los STRs se realiza por comparación con una escalera alélica, mediante el programa *Genotyper software* (Applied Biosystems^{TM}, Foster City, CA) y los resultados se representan en gráficas denominadas electroferogramas, que a su vez han de ser revisadas por dos analistas de forma independiente, con el fin de distinguir entre los picos reales y los posibles artefactos tanto biológicos como instrumentales [32].

Los artefactos biológicos incluyen alelos tartamudos, pérdidas alélicas, picos partidos procedentes de la adenilación incompleta, patrones trialélicos y variantes alélicas que contienen mutaciones en las regiones flanqueantes a la repetición STR.
Los artefactos instrumentales provienen, entre otros, de la superposición entre colores, sobretensiones y degradación de fluorocromos [32].

Un electroferograma típico representa un perfil genético de loci STRs obtenido mediante la amplificación por ejemplo de kit genético comercial Identifiler® (Applied Biosystems^{TM}, Foster City, CA) [218].

El electroferograma está dividido en 4 filas, cada una correspondiente a aquellas parejas de cebadores que presentan un mismo marcador fluorescente (de arriba abajo: 6-FAM^{TM}, NED^{TM}, VIC^{TM} y PET®). En cada una de las filas en el eje Y se representa la intensidad de la señal detectada en RFUs (*Relative Units of Fluorescence*) y en el eje X se representa el tamaño en pares de bases.

Escaleras alélicas

Una escalera alélica (*allelic ladder*) es una mezcla artificial compuesta por los alelos más frecuentes presentes de un locus o conjunto de loci [219].

Las escaleras alélicas son importantes en la obtención de una precisa determinación genotípica e incluyen idénticos cebadores a los utilizados en el análisis habitual de los loci STRs, con el objeto de asignar un tamaño de ADN estándar a cada uno de los alelos incluidos en la escalera. [220].

Las escaleras alélicas se construyen por combinación, bien de ADN genómico, bien de productos de PCR específicos de cada locus STR e incluyen el ADN proveniente de diferentes individuos, de tal forma que la escalera alélica incluye alelos representativos de la variabilidad del locus STR [219,221].

Recientes avances en la sensibilidad y velocidad de la electroforesis capilar

Las muestras forenses se caracterizan por que habitualmente el ADN se encuentra muy degradado y en cantidades muy escasas [52]. Los avances en la sensibilidad de los métodos de análisis basados en electroforesis capilar tales como el aumento del voltaje y del tiempo de inyección han contribuido de forma significativa al análisis de ADN extremadamente escaso [222].

Así mismo, los análisis de ADN forense acostumbran a formar parte de una investigación más compleja, que abarca varias áreas además de la Genética Forense, por lo que el tiempo de entrega de los resultados constituye un aspecto crucial. El tiempo transcurrido entre la recogida de evidencias y el comienzo de los análisis en los laboratorios puede verse reducido gracias al instrumental portátil para análisis de STRs recientemente desarrollado [223]. El instrumento consiste en una cámara de PCR con 160 nl (nanolitros) de capacidad, una separación electroforética de los fragmentos de ADN mediante un capilar de 7 cm y la detección de éstos por fluorescencia excitada por láser, en un análisis a gran velocidad.

Genotipado de loci STRs mediante espectrometría de masas

El genotipado de loci STRs mediante espectrometría de masas [224], se basa en la mezcla de ADN con una matriz orgánica, como el ácido 3-hidroxipicolínico [225] con la que co-cristaliza en la placa.

Esta tecnología permite el análisis secuencial de múltiples muestras, de tal modo que tras colocar la placa en el espectrómetro de masas en vacío, se aplica un pulso de energía que libera una pequeña porción de muestra de ADN ionizada, mediante el proceso conocido como desorción/ionización láser asistida por matriz (*Matrix-Assisted Laser Desorption Ionization*, MALDI) [226].

De esta manera, se generan iones que vuelan hasta el detector en microsegundos, para posteriormente calcularse la media de los tiempos de vuelo obtenidos. A continuación se calcula el tamaño de los fragmentos de ADN por comparación de sus tiempos de vuelo (*Time Of Flight*, TOF) con estándares de tamaño.

Cabe señalar que, la utilización de la espectrometría de masas en el genotipado de loci STRs permite una mejora sustancial tanto en la precisión de las medidas, como en la velocidad de análisis respecto a la electroforesis capilar [226].

En este sentido y como ventaja adicional, la tecnología MALDI-TOF no requiere de la utilización de escaleras alélicas. De modo que, su calibración se limita al análisis de dos moléculas, de 15 y 36 Da, respectivamente, antes de iniciar los análisis de la jornada. De esta manera, se obtienen resultados con 0.1 nucleótidos de desviación estándar, que permiten la resolución de microvariantes como el alelo 9.3 de TH01.

Asimismo, se ha mostrado altamente eficaz en el análisis de amplicones de reducido tamaño (55-125 pb), que además no precisan de marcaje alguno para su genotipado.

Por ultimo, señalar que el análisis MALDI-TOF aplicado al genotipado de loci STRs puede ser totalmente automatizado, permitiendo así un rendimiento de 2000 análisis diarios.

Como contrapunto esta tecnología presenta importantes limitaciones en cuanto a su capacidad para el análisis de loci STRs en modo multiplex, por lo que solamente ha permitido el análisis de 3 loci simultáneamente en la reacción multiplex CSF1PO-TPOX-TH01 (CTT), constituida por rangos alélicos que coinciden parcialmente. No obstante debido a la elevada precisión de la espectrometría de masas todos los alelos descritos para estos 3 loci son totalmente distinguibles mediante este ensayo.

Genotipado de loci STRs por pirosecuenciación

La pirosecuenciación fue desarrollada en primer lugar para el genotipado de SNPs (Single Nucleotide Polymorphisms) y la secuenciación de fragmentos de ADN de reducido tamaño, pero actualmente se presenta como una alternativa eficaz a la electroforesis multicapilar para el análisis de loci STRs.

El genotipado de loci STRs mediante pirosecuenciación permite simultáneamente revelar inserciones, deleciones y SNPs tanto en la región repetitiva como en las regiones flanqueantes de loci STRs y posibilita también poder el prescindir de cebadores marcados y de escaleras alélicas de compleja realización [227].

Del mismo modo, cabe destacar la utilidad de la pirosecuenciación para la rápida evaluación de nuevos loci de interés

Como desventajas de dicha tecnología, señalar su reducida capacidad para el genotipado de loci STRs en multiplex y una menor eficacia en el análisis de loci STRs de repeticiones complejas [228].

Hasta la fecha, la pirosecuenciación ha demostrado su eficacia tanto en el genotipado de loci STRs autosómicos [228] como en del cromosoma Y [229] y a su vez ha revelado polimorfismos tanto en la región repetitiva, como en la región flanqueante en ambos tipos de loci STRs.

Por otro lado, su elevada capacidad de secuenciación de fragmentos de ADN de reducido tamaño, ha permitido el desarrollo de un método de determinación de género, de elevado interés en el análisis de ADN altamente degradado.

Dicho método analiza amplicones de 48/45 pb, correspondientes a una región del gen amelogenina que incluye una inserción de 3 pb en el cromosoma Y [230].

Principales Bases de Datos de loci STRs

La determinación de la identificación humana presenta importantes repercusiones medicolegales [1]. Conscientes del alcance de la cuestión, la mayoría de los países están adecuando su legislación para utilizar perfiles de ADN en investigaciones criminales y almacenar dichos perfiles en bases de datos nacionales [231,232].

La construcción de bases de datos de calidad de perfiles genéticos de STRs posibilita la correcta utilización del conocimiento acumulado sobre los distintos loci STRs en diferentes grupos poblacionales, a la hora de relacionar los datos disponibles y en la estimación del poder de discriminación en cada caso.

Las bases de datos se caracterizan por incluir un conjunto común de STRs. Actualmente, las principales bases de datos de perfiles genéticos son: *Combined Index System* (CODIS), *Interpol Standard Set of Loci* (ISSL), *European Core Loci* (ECL) y *German Core Loci* (GCL) [231-233]. Dichas bases de datos comparten un núcleo universal de 7 loci STRs (FGA, TH01, vWA, D3S1358, D8S1179, D18S51, D21S11), aunque difieren en el número y en algunos de los loci STRs incluidos.

El CODIS es la base de datos que más loci STRs incluye con un total de 13, además del locus para la determinación del sexo amelogenina, también incluidos en la base de datos nacional de USA para la búsqueda de perfiles de ADN de criminales. La ECL y la base de datos del Reino Unido incluyen 10 loci STRs y amelogenina, el núcleo de 7 loci STRs, D16S539 compartido con el CODIS y dos loci STRs adicionales D19S433 y D2S1338, además de recomendar el análisis de TPOX, incluido en el CODIS. La ISSL incluye el núcleo universal de 7 loci STRs y considera opcional el análisis de amelogenina. Por último, la GCL incluye 7 el núcleo universal de loci STRs, amelogenina y el loci SE33 [231-233].

Recientemente se ha recomendado el uso de 5 nuevos loci STRs (D1S1656, D2S441, D10S1248, D12S391, D22S1045) [234].

Las bases de datos de ADN pueden llegar a ser herramientas excepcionalmente útiles que requieren de un control adecuado. Por ello, es de vital importancia que cada país disponga de un grupo técnico encargado de regular estas bases de datos y adaptar el uso del ADN a su jurisdicción. De la misma manera, son necesarios acuerdos jurídicos internacionales como el Tratado de Prüm, destinados a promover la cooperación transfronteriza, el intercambio de datos, información y prevención del terrorismo. Fruto de este tratado, la Unión Europea acordó en 2008 la denominada Decisión Prüm, que contiene disposiciones encaminadas a mejorar el intercambio de información. De tal modo que, "*Los Estados Miembros se concedan mutuamente derechos de acceso a sus respectivos ficheros automatizados de análisis de ADN. En lo que respecta a los ficheros nacionales de análisis de ADN, un sistema que permita saber si el dato buscado está o no en la base consultada debería bastar para que el Estado miembro que necesite la información solicite los datos personales específicos correspondientes al Estado miembro que gestione el fichero y, en caso necesario, pida información complementaria acogiéndose a procedimientos de asistencia mutua*" [235]. Por otro lado, actualmente se están desarrollando iniciativas destinadas a instaurar una red de laboratorios forenses debidamente cualificados para la mejora de la cooperación internacional [236].

En este contexto, se hace necesaria la existencia de Grupos Internacionales de trabajo en continua colaboración para la mejora y la validación de los métodos de obtención de perfiles genéticos empleados.

Grupos de Trabajo Internacionales

Los Grupos de Trabajo Internacionales *European DNA Profiling Group* (EDNAP) y *European Network of Forensic Science Institute* (ENFSI), así como el *National Institute of Standards and Technology* (NIST), trabajan en la búsqueda de las mejores soluciones a las cuestiones que plantea el ADN y orientan la investigación destinada al desarrollo de nuevas tecnologías y metodologías, a través de la coordinación de trabajos colaborativos en los que participan los principales laboratorios de Genética Forense del mundo.

A su vez fomentan la estandarización intra- e interlaboratorios para así posibilitar la colaboración, la comparación y la validez de los resultados obtenidos en cualquiera de ellos.

La estandarización, requiere organismos que regulen los criterios escogidos para resolver cada aspecto: elección de loci a analizar en cada caso y a incluir en las principales bases de datos [237], sistemas multiplex [238] y protocolos [239] para su análisis, estándares de cuantificación y genotipado [240], instauración y funcionamiento de las bases de datos nacionales [238,241], controles de calidad de análisis de parentesco y análisis forense [242], análisis de ADN mitocondrial [243,244] y cromosoma Y [245], implantación de la ISO17025 para la acreditación de la calidad de los laboratorios [236] y análisis de muestras de ADN altamente degradado, entre otros.

Características de las muestras de ADN altamente degradado

La exposición prolongada del ADN al ambiente o a compuestos químicos como el formol empleado en la fijación de los tejidos en parafina [246], puede producir la degradación del ADN que reduce progresivamente el tamaño de los fragmentos de ADN disponibles en el resto biológico [243]. Manchas de sangre [243] y muestras de parafinas, se caracterizan por su elevada degradación [243] y restos biológicos tales como pelos telogénicos con [82] y sin raíz [247] se caracterizan también por la escasa cantidad del ADN disponible.

Genotipado de cantidades muy reducidas de ADN

De un modo general, el genotipado de cantidades muy reducidas de ADN ó bajo número de copias (*Low Copy Number*, LCN) ha sido definido como el análisis de cualquier muestra de ADN, cuyos resultados no sobrepasen el umbral estocástico, que garantiza una interpretación fiable.

Dichos efectos estocásticos se deben a la cinética del proceso de PCR a partir de un reducido número de copias de la secuencia diana de ADN. De tal manera que en estas circunstancias, durante los primeros ciclos de la PCR los cebadores no hibridan con la misma frecuencia en los dos alelos de un heterocigoto, lo que da lugar a un desbalance entre ambos alelos, a la pérdida completa de uno de los dos alelos o a la presencia de elevados porcentajes de alelos tartamudos [248].

En este sentido, la cantidad de ADN molde óptima en la mayor parte de las STRs multiplexes comerciales es de 1 ng, de tal manera que el uso de una cantidad menor reduce la fiabilidad del análisis.

El genotipado LCN de loci STRs, inicialmente se refirió al análisis de cualquier muestra que contuviera menos de 100 pg de ADN molde [57,248]. Dicha cantidad fue elevada a 200 pg por presentar una mayor cercanía respecto del umbral de efectos estocásticos definidos por Moretti et al. [249,250].

El umbral de efectos estocásticos, se refiere a la cantidad de ADN molde en la que se observa un notable desbalance en la amplificación de los alelos correspondientes a un heterocigoto. Este umbral es relativamente específico para cada ensayo, producto comercial y metodología.

No obstante, se ha recomendado la observación de la proporción existente entre los picos de un heterocigoto, como criterio para la determinación del umbral de efectos estocásticos [52].
Recientemente se ha descrito un amplio número de metodologías destinadas a mejorar el genotipado LCN. Éstas metodologías presentan las siguientes modificaciones: reducción del volumen total de reacción [251,252], amplificación de genoma completo previa a la reacción de PCR [253], aumento en el número de ciclos [57,248] e incremento en la sensibilidad del marcaje fluorescente de los cebadores [52]. Así mismo, se usa PCR *nested*, caracterizada por la utilización de cebadores que se unan a secuencias internas de un fragmento de ADN previamente amplificado, si bien es necesario valorar el incremento en la posibilidad de contaminación que conlleva su uso [254].

Los perfiles LCN habitualmente no son reproducibles, por lo que, aunque son apropiados para la identificación de personas desaparecidas y restos humanos, no se recomienda su uso en investigaciones criminales. Del mismo modo reseñar que, el genotipado LCN no ha sido validado para el análisis de mezclas de ADN [52].

En este sentido, dado que la fiabilidad del genotipado LCN se basa en la realización de varias réplicas, se recomiendan entre 2 y 7 réplicas por muestra [255]. De forma que, el alelo que haya sido registrado al menos dos veces, sea incorporado a la tabla de resultados.

Por último cabe destacar que, el genotipado de cantidades escasas de ADN puede mejorarse bien mediante la optimización de las condiciones de PCR ó bien a través de la utilización de SNPs como primeros marcadores genéticos [256,257].

Inconvenientes de los sistemas de análisis convencionales en el análisis de muestras de ADN altamente degradas

Como se ha mencionado anteriormente, el ADN altamente degradado es una característica de la mayoría de las muestras analizadas en Genética criminalística, donde los fragmentos de ADN difícilmente superan las 200 pb [243].

Dos de las STRs multiplexes más ampliamente utilizadas, Identifiler® (Applied Biosystems™, Foster City, CA) [218] y PowerPlex™ 16 (Promega® Corporation, USA), amplifican 15 loci STRs y amelogenina en una única reacción, para la obtención de perfiles genéticos con una probabilidad de coincidencia del orden de una entre un trillón (10^{-18}). Ambos sistemas comerciales incluyen los 13 loci STRs del CODIS; Identifiler

(Applied Biosystems™, Foster City, CA) incluye además D2S1338 y D19S433 presentes en la ECL y PowerPlex™ 16 (Promega® Corporation, USA) incluye los loci pentanucleotídicos Penta E y Penta D.

El principal inconveniente de estas y otras STRs multiplexes radica en que sus tamaños de amplificado resultan demasiado grandes (100-450 pb) para el análisis de extractos de ADN altamente degradados, por lo que solo van a permitir analizar los loci STRs de menor tamaño, entre 150 - 300 pb, en el mejor de los casos [258,259]. De esta manera, se obtienen perfiles genéticos incompletos cuya probabilidad de identidad resulta insuficiente para la resolución de identificaciones, a partir de extractos de ADN altamente degradados.

Iniciativas de los Grupos Internacionales en el análisis de muestras de ADN altamente degradado

Ante esta situación, los grupos de trabajo internacionales EDNAP y ENFSI han coordinado diversos ejercicios colaborativos destinados a: 1) evaluar la capacidad de análisis de muestras de ADN altamente degradado mediante STRs multiplexes convencionales [260]; y en consecuencia: 2) implementar las técnicas actuales con nuevas herramientas moleculares que aumenten la probabilidad de identidad de los perfiles genéticos obtenidos a partir de muestras de ADN altamente degradado [259].

En este sentido, diversos estudios habían demostrado con anterioridad la mayor eficacia en el análisis de muestras de ADN altamente degradado de herramientas moleculares basadas en amplicones de menor tamaño que las STRs multiplexes convencionales: miniSTRs [68,260] y SNPs [261].

Los miniSTRs son producto del rediseño de los cebadores para posibilitar su unión a zonas más cercanas a la repetición STR. De esta manera reducen el tamaño del amplicón mientras conservan la misma información en cuanto a la región repetitiva [68,260]. De un modo general en el presente trabajo se consideran miniSTRs aquellos amplicones cuyo tamaño no supere las 200 pb, midiSTRs aquellos cuyos tamaños se encuentren comprendidos en el rango 200 – 300 pb y maxiSTRs si su tamaño excede las 300 pb. Todos ellos son considerados a su vez STRs. Asimismo el término miniSTR multiplex se refiere a la reacción multiplex diseñada específicamente para amplificar mayoritariamente mini- y midiSTRs.

Los polimorfismos de un solo nucleótido (SNPs) son posiciones del genoma con al menos dos bases diferentes en una misma localización y representan la mayoría de la variabilidad genética en el genoma humano [262]. Los SNPs son de gran interés en Genética Forense por su abundancia, baja tasa de mutación, reducido tamaño de amplicón (<40 pb) y la viabilidad de su análisis mediante plataformas de alto rendimiento [261].

El estudio colaborativo coordinado por el EDNAP en 2006, comparó la efectividad de la tecnología miniSTR y SNP en el análisis de muestras de ADN altamente degradado por exposición a una humedad del 100 % durante semanas. Las miniSTRs multiplexes utilizadas fueron NC01, capaz de analizar 3 loci (D10S1248, D14S1434 y D22S1045) y mini-SGM que permite analizar 6 loci (TH01, FGA, D18S51, D16S539 y D2S1338) [70,263].

Para ello, se utilizó Foren-SNPs™ capaz de analizar 21 loci SNPs, por ser la única SNP multiplex forense validada hasta ese momento [264]. También se testó el genotipado LCN (*Low Copy Number*) de dos STRs multiplexes, PowerPlex™ 16 (Promega® Corporation, USA) y SGMPlus™ (Applied Biosystems™, Foster City, CA), cuya única diferencia respecto al genotipado convencional radica en el incremento del protocolo de PCR desde 28 a 34 ciclos.

El genotipado LCN permitió amplificar el mayor número de loci STRs entre todas las técnicas comparadas. Sin embargo los perfiles obtenidos mostraron un balance alélico deteriorado y una mayor probabilidad de padecer pérdidas alélicas, aspectos que comprometen en gran medida la interpretación del genotipado.

Las miniSTRs multiplexes ofrecieron el mayor porcentaje de éxito en cuanto a genotipos completos, debido en parte al menor número de loci analizados, al reducido tamaño de los amplicones y a los 32 ciclos de PCR empleados, intermedios entre el genotipado convencional y el genotipado LCN.

Así mismo, se pudo constatar que el análisis de SNPs presentaba el menor porcentaje de éxito de las técnicas testadas.

De tal forma que, aunque el análisis de SNPs permite el empleo de amplicones de reducido tamaño en el análisis de un elevado número de SNPs [265], la puesta a punto de este tipo de reacciones es más compleja, requiere una mayor cantidad de ADN inicial, su análisis ofrece un mayor riesgo de contaminaciones y debido a su carácter principalmente bialélico, muestra un rendimiento menor que los STRs en el análisis de mezclas [259].

Por lo dicho anteriormente se concluyó que los SNPs podrían constituir un complemento al análisis de STRs, en especial en el análisis de dientes y tejidos altamente degradados como los habitualmente hallados en los desastres en masa.

Por lo tanto, EDNAP y ENFSI recomendaron que las futuras investigaciones en la mejora de la sensibilidad de las técnicas actuales se centraran en optimizar el genotipado LCN y desarrollar miniSTRs menores de 150 pb a partir de las metodologías STRs existentes. Dado que, el análisis de ciertos loci como FGA no permite tal reducción del amplificado, los Grupos de Trabajo Internacionales propusieron la inclusión de los tres loci miniSTRs de NC01 (D10S1248, D14S1434 y D22S1045) en la ECL, con el fin de aumentar la probabilidad de identidad de las bases de datos nacionales y de los perfiles genéticos obtenidos a partir de extractos de ADN altamente degradados [71].

Estas iniciativas supusieron un cambio en las prioridades de EDNAP y ENFSI, ya que con anterioridad habían centrado sus esfuerzos en la investigación sobre STRs, en la implementación progresiva de nuevos loci STRs para el aumento de la probabilidad de identidad de los perfiles genéticos en muestras de rutina [266,267].

Estrategias universales para el desarrollo de nuevas STRs multiplexes

En 2006 EDNAP y ENFSI se reunieron con representantes de las compañías fabricantes con el objetivo de estandarizar y fijar estrategias universales para el desarrollo de nuevas STRs multiplexes [234].

Por un lado, se había demostrado la mayor efectividad de los miniSTRs en el análisis de extractos de ADN altamente degradados y por otro, se estimaba que el conocimiento disponible en ese momento era suficiente para descartar la posibilidad de incluir nuevos loci STRs en un futuro. Era pues, el momento adecuado para la construcción de nuevas STRs multiplexes.
Se consideraron los siguientes puntos:

Primero, cambiar uno de los tres nuevos loci STRs inicialmente propuestos, el D14S1434, por otro de mayor poder de discriminación, el D2S441 [71]. D2S441 está separado del locus STR D2S1338 por varias megabases de manera que su herencia Mendeliana independiente está asegurada [234].

Segundo, la construcción de nuevas STRs multiplexes supone un gran reto, cuya consecución puede verse facilitada por un desarrollo escalonado que permita una evaluación cuidadosa de cada etapa.

Tercero, los laboratorios tienen necesidades diferentes en cuanto al tipo de muestra y las prácticas de laboratorio. Por un lado, el análisis de un elevado número de extractos de ADN altamente degradado y por otro, la necesidad de un único método de análisis de STRs. Por lo tanto, la construcción de nuevas STRs multiplexes requiere de dos estrategias diferentes y paralelas que puedan converger en el aumento de los loci universales utilizados en Europa para la comparación eficiente de los millones de perfiles genéticos incluidos en la base de datos europea [234].

En este contexto, EDNAP y ENFSI recomendaron la reducción de los STRs a loci miniSTRs y la inclusión de 5 nuevos loci de elevado poder de discriminación, en la construcción de las nuevas STRs multiplexes para así incrementar el rendimiento en el análisis de extractos de ADN altamente degradados

En total, propusieron dos estrategias que habían de converger en la creación de STRs multiplexes de 15 loci STRs. En la estrategia I se añadirían los nuevos loci miniSTRs en el esqueleto de STRs multiplexes preexistentes. En la estrategia II se reduciría el tamaño de los amplicones para los loci incluidos en las bases de datos nacionales mediante la construcción de miniSTRs multiplexes cuyo uso se combinaría con STRs multiplexes convencionales preexistentes. Por último, ambas estrategias convergerían en la creación de nuevas STRs multiplexes que incluyeran un elevado número de loci miniSTRs. Además, el uso combinado de estas nuevas STRs multiplexes proporcionaría un elevado poder de discriminación a partir de extractos de ADN altamente degradados.

Nuevas STRs multiplexes para el análisis de muestras de ADN altamente degradado

Recientemente Applied Biosystems™ y Promega® Corporation han comenzado a comercializar nuevas STRs multiplexes producto de las estrategias universales definidas en el año 2006.

De forma paralela, diferentes grupos de investigación han desarrollado diversas miniSTRs multiplexes.

A continuación se contextualizan y describen las herramientas moleculares desarrolladas desde el 2006 para el análisis de muestras de ADN altamente degradado, en base a las estrategias propuestas por EDNAP y ENFSI.

Estrategia I

La estrategia I para la construcción de STRs multiplexes se basa en la adición de los nuevos 3 loci miniSTRs (D10S1248, D22S1045 y D2S441) y 2 midiSTRs (D12S391 y D1S1656), de tamaño intermedio entre miniSTRs y STRs, en las STRs multiplexes preexistentes, para la amplificación de la totalidad de los loci incluidos en ECL [268]. De esta manera se reduce el tiempo de implementación y se permite la inmediata inclusión de estos tres loci en las bases de datos nacionales.

Esta estrategia permite el incremento del poder de discriminación y el porcentaje de casos resueltos y está orientada a aquellos laboratorios que analizan un gran número de extractos de ADN altamente degradados y desean utilizar un único sistema STR multiplex en todos los casos.

Por otro lado, señalar que esta estrategia es especialmente importante en aquellos países cuyas bases de datos nacionales incluyan millones de perfiles genéticos con el fin de reducir la probabilidad de coincidencia entre perfiles genéticos.

En este sentido, es importante tener en cuenta que cuando se decidió generar una única base de datos europea, la ECL, tras la determinación de la eficiencia de diversas STRs multiplexes, se propuso su construcción a partir de perfiles de loci STRs obtenidos mediante el sistema comercial SGM Plus™ (Applied Biosystems™, Foster City, CA) [237].

Fruto de la estrategia I, Applied Biosystems™ ha comercializado un nuevo sistema multiplex, AmpFlSTR® NGM™ PCR Amplification Kit que incluye las parejas de cebadores previamente utilizadas en el sistema comercial SGM Plus™ (Applied Biosystems™, Foster City, CA). Además, incluye también los 5 nuevos loci recomendados y amelogenina . Por lo tanto, ofrece una concordancia del 100 % con los perfiles genéticos almacenados en la ECL [51].

De la misma manera, Promega® Corporation ha desarrollado PowerPlex® ESX (Promega® Corporation, USA). Este sistema combina cebadores diseñados para Powerplex 16 (Promega® Corporation, USA) y cebadores inéditos a fin de amplificar la totalidad de los loci incluidos en la ECL y los 5 nuevos loci y se presenta en dos formatos diferenciados por la adición o no del marcador SE33. Este sistema muestra una concordancia del 99.98% con los perfiles recogidos en la ECL.

Estrategia II

La estrategia II está destinada a desarrollar miniSTRs multiplexes que reduzcan el tamaño de amplicones requeridos para el análisis de los loci STRs incluidos en las actuales bases de datos nacionales. Al mismo tiempo existe un interés generalizado en la inclusión de dos nuevos loci midiSTRs (D12S391 y D1S1656), así como de TPOX, aunque la inclusión de este marcador es discutida por el menor poder de discriminación que proporciona. Esta estrategia no se basa en el reemplazo de las STRs multiplexes existentes por otras nuevas, si no en el uso combinado de ambas.

Desarrollo de miniSTRs multiplexes

El creciente desarrollo de miniSTRs ha dado lugar a diferentes miniSTRs multiplexes. El rediseño de cebadores en los loci STRs D2S1338, D16S539, D18S51, TH01 y FGA, así como el locus amelogenina, ha posibilitado el desarrollo de una miniSTR multiplex de gran utilidad en el análisis de extractos de ADN altamente degradados. Esta nueva reacción mejora el rendimiento en el genotipado y ofrece una elevada concordancia respecto a los resultados obtenidos mediante STRs multiplexes convencionales [93].

De la misma manera, el rediseño de cebadores para los 8 loci STRs incluidos en la GCL (D3S1358, FGA, TH01, VWA, SE33, D8S1179, D18S51, D21S11) y amelogenina, ha dado lugar a la miniSTR multiplex bautizada con el nombre de Q8, la cual ha demostrado mayor eficacia que la STR multiplex convencional *genRES*MPX-2 (Serac, Homburg, Germany) [91], en el análisis de extractos de ADN altamente degradados. [88].

Por otro lado, el sistema Minifiler™ (Applied Biosystems™, Foster City, CA) permite el análisis de 9 loci (FGA, D18S51, D13S317, D7S820, D2S1338, D16S539, CSF1PO, D21S11 y amelogenina), en una única reacción cuyos amplificados no superan las 283 pb. Su combinación con Identifiler® (Applied Biosystems™, Foster City, CA) permite el análisis de 9 loci de la ECL (excepto D21S11) y 11 del CODIS (excepto D21S11 y TPOX) [58,85]. Diversos estudios han mostrado una elevada concordancia entre Minifiler™ (Applied Biosystems™, Foster City, CA) y las principales STRs multiplexes [218,269].

Una nueva estrategia de genotipado ha posibilitado el aumento en el número de loci miniSTRs analizados en un reducido tamaño de amplicón. Así pues, la miniSTR multiplex Bioplex-11 analiza un total de 11 loci STRs y amelogenina mediante amplicones que no superen las 270 pb. La reacción incluye 6 loci STR de la ECL así como 4 loci STRs adicionales seleccionados por su robustez (D2S1338, D12S391, TPOX y D5S818) y amelogenina.

La particularidad de esta miniSTR multiplex radica en que 5 de los cebadores están marcados con biotina y tras la amplificación PCR pueden ser separados del resto mediante una columna cubierta de estreptavidina para el análisis independiente de ambos grupos de loci STRs por electroforesis capilar.

Bioplex-11, ha sido validada para su uso en extractos de ADN altamente degradados como raíces de pelo telogénico [82].

Combinación de las estrategias I y II

Las estrategias de diseño I y II han de converger en STRs multiplexes cuyo formato depende de las empresas fabricantes.

El objetivo de dichas STRs multiplexes es beneficiar al sistema judicial mediante el incremento de perfiles obtenidos y la probabilidad de identidad de los mismos. Este objetivo se lleva a cabo mediante la reducción del tamaño de los amplicones y el aumento de los loci STRs analizados. De esta manera se aumenta la probabilidad de éxito en el análisis de muestras de ADN altamente degradado y la probabilidad de identidad de las muestras analizadas en general [234].

En la actualidad, se comercializan dos combinaciones de STRs multiplexes como consecuencia de la fusión entre ambas estrategias de diseño.

Por un lado, Minifiler™ y su combinación con NGM™ (Applied Biosystems™, Foster City, CA), analizan un total de 16 loci STRs cuyos amplicones no superen las 200 pb: 12 son idénticos a los 13 de la combinación de Minifiler™ con Identifiler® (excepto D5S818), a los que se suman 4 de los nuevos loci recomendados (excepto D12S391 de 275 pb). En total permiten el análisis mediante amplicones menores de 200 pb de 9 loci incluidos en la ECL (excepto D21S11) y 10 loci incluidos en el CODIS (excepto D21S11, D5S818 y TPOX) [51].

Por otro lado, se ha presentado combinación PowerPlex® ESX y PowerPlex® ESI (Promega® Corporation, USA). Ambas reacciones incluyen los mismos loci STRs y su combinación permite la amplificación de 13 loci en fragmentos que no superen las 200 pb: 8 loci de la ECL (excepto D21S11 y D2S1338), 7 loci del CODIS y los 5 nuevos loci recomendados [270].

POLIMORFISMOS DE BASE ÚNICA EN IDENTIFICACIÓN HUMANA

Origen biológico de los polimorfismos de base única

Los SNPs son consecuencia de sucesos mutacionales independientes que se distribuyen en las diferentes poblaciones humanas, así de esta manera se produce la diversidad nucleotídica en el genoma [271]. Las mutaciones pueden originarse espontáneamente, por el efecto de compuestos mutagénicos, y durante procesos como la replicación o la recombinación de ADN, siempre que consigan escapar a los mecanismos de reparación de los que consta el organismo. No obstante, en determinadas ocasiones, son estos mismos mecanismos de reparación los que pueden dar lugar a mutaciones que resulten en nuevos polimorfismos del tipo SNP.

Las mutaciones pueden clasificarse en alteraciones cromosómicas y en mutaciones puntuales, siendo las primeras de escaso interés en Genética Forense [272].

Las mutaciones puntuales comprenden sustituciones, inserciones y deleciones.

La principal fuente de SNPs son las sustituciones, tanto transiciones, cambio de una base púrica por otra púrica (A ↔ G) o de una pirimidínica por otra pirimidínica (C ↔ T), como transversiones, cambio que se produce entre bases de diferente tipo (A↔C ó G↔T). Por último, otra fuente de variaciones en el genoma son las inserciones y deleciones, ganancias y pérdidas en el número de nucleótidos, respectivamente [273].

Las mutaciones que dan lugar a nuevos polimorfismos SNPs, pueden producirse durante la replicación o la recombinación del ADN, así como por el efecto de compuestos mutagénicos. Estas mutaciones se establecen cuando el daño no es subsanado por los mecanismos de reparación celular y en ocasiones, son estos mismos mecanismos los que introducen la mutación, como ocurre en el caso de la mutación por recombinación.

Los errores producidos en la replicación del ADN, en cuanto al nucleótido incorporado por la ADN polimerasa, pueden tener diferentes causas, de tal modo que pequeñas alteraciones en la composición química de las bases nitrogenadas, como pudiera ser la incorporación de un protón extra, provocan el emparejamiento de una adenina con una guanina en lugar de con una timina. De la misma manera, la flexibilidad de la doble hélice de ADN permite ligeros movimientos (*wobble*) de los nucleótidos que posibilitan emparejamientos distintos a los habituales.

Los compuestos mutagénicos y en ocasiones los propios mecanismos de reparación celular, pueden dañar o escindir bases nitrogenadas y hebras de ADN, así como también pueden crear uniones covalentes entre hebras de ADN o bien de éstas con proteínas.

Las roturas de ADN de doble hebra tienen lugar durante procesos de recombinación o bien por el efecto de procesos que provoquen la detención de la horquilla de replicación, como ocurre en el caso de la generación de uniones covalentes entre hebras contiguas de ADN [274].

Las hibridaciones entre ADN y proteínas pueden producirse por la unión de éstas al aldehído de los lugares abásicos, generados durante el mecanismo de reparación por escisión de bases [275]. A su vez, estos mecanismos de reparación, junto con aquellos de escisión nucleotídica, pueden dar lugar a roturas de hebra única e interrupciones de entre 1-30 nucleótidos en la secuencia de ADN.

Otra causa de generación de SNPs es la presencia de dinucleótidos CpG metilados. La transición C → T ocurre con mayor frecuencia en las citosinas metiladas que en las no metiladas [276,277], debido a que la desaminación de la 5-metilcitosina origina 5-metiluracilo, que no es reconocida por la enzima *glucosilasa de uracilo de DNA* y por tanto este proceso no se repara. Como es sabido, dicho uracilo se empareja con adenina, por lo que en el siguiente proceso de replicación sobre la región afectada por la mutación, el uracilo será sustituido por una timina. Estos cambios se han observado con elevada frecuencia en pedigríes humanos [278,279]. En este sentido señalar que, el grado de metlilación puede mostrar patrones específicos de cada sexo [202].

Las mutaciones espontáneas se producen debido a reacciones químicas habituales en las células como la hidrólisis. Este tipo de errores incluye: la depurinación, en la que una molécula de agua rompe el enlace que une la purina con la desoxirribosa de un nucleótido; y la desaminación, cuando el grupo escindido por el agua es un grupo amino. De no ser corregidas por los mecanismos de reparación, estas bases pueden provocar la incorporación de un nucleótido incorrecto durante la replicación del ADN.

Mecanismos de reparación del daño celular

Las células poseen mecanismos de reparación para garantizar la estabilidad del ADN y evitar la producción de mutaciones en el mismo, tanto a causa de los errores producidos durante la replicación, como a causa de aquellos resultantes del daño celular causado por agentes mutagénicos.

Los errores producidos durante la replicación son eficazmente corregidos por la ADN polimerasa. Este enzima presenta una tasa de error de 1 / 100.000 nucleótidos incorporados. De tal manera que, en la replicación de los 6 mil millones de pares de bases que componen un genoma humano diploide se producen aproximadamente 120.000 errores. Además, la ADN polimerasa dispone de un sistema de corrección de errores denominado *proofreading*, mediante el que reconoce y reemplaza el 99 % de los nucleótido incorporados erróneamente [273].

Los mecanismos de reparación de ADN incluyen la reparación directa, la reparación por escisión de base, la reparación por escisión de nucleótido, la reparación de rotura de ADN de doble hebra y la reparación de las uniones covalentes entre hebras adyacentes [274]. Varios de estos mecanismos de reparación pueden compartir enzimas y reacciones intermedias, de modo que, una lesión particular puede ser reparada por más de un mecanismo e incluso, varios mecanismos pueden competir por el mismo sustrato e interferir los unos en la función de los otros o cooperar en la eliminación de la lesión. A modo de ejemplo señalar que, la reparación por escisión genera un espacio en la hebra de ADN que puede ser utilizado para iniciar una recombinación homóloga [280], o bien para detener la progresión del ciclo celular mediante un mecanismo de control de daño celular [281].

Reparación directa

Existen dos mecanismos de reparación directa en la mayoría de los organismos: la ADN fotoliasa fotoreversa y la ADN metilguanina metiltransferasa.

La ADN fotoliasa fotoreversa, elimina los dímeros de pirimidina inducidos por la luz UV [282]. Por otro lado, la ADN metilguanina metiltransferasa es capaz de transferir el grupo O^6-metil de la O^6-metilguanina (O^6MeGua) a una cisteína localizada en su centro activo [283], de tal modo que se forma una metilcisteina estable y tras un evento catalítico la enzima también conocida como enzima suicida queda inactiva [284].

Reparación por escisión de base

El mecanismo de reparación por escisión de base elimina la base dañada mediante una ADN glicosilasa, que a su vez genera un lugar abásico. Estas glicosilasas reconocen por difusión tridimensional bases oxidadas, reducidas, metiladas, desaminadas o desapareadas. En función de los eventos iniciales sucedidos en la retirada de la base, la reparación puede comprender desde un solo nucleótido hasta 2-10 nucleótidos [285].

Reparación por escisión nucleotídica

La reparación por escisión nucleotídica constituye el principal sistema en la eliminación de lesiones de base única y de grandes lesiones del ADN, ocasionadas tanto por exposición a radiación o a agentes químicos, como a la adición de proteínas al ADN. Los nucleótidos dañados son eliminados por una nucleasa de escisión, enzima capaz de realizar incisiones dobles separando el ADN dañado del resto [286-289].

Las etapas básicas en el sistema de reparación por escisión son: el reconocimiento del daño, la incisión dual que aísla un fragmento de ADN de 12-13 nucleótidos en procariotas y 24-32 nucleótidos en eucariotas, la liberación del oligómero escindido, la polimerización de ADN en el espacio creado y su ligamiento [287].

Así mismo si este mecanismo actúa antes de los mecanismos de mantenimiento de la metilación por parte de las ADN metilasas de mantenimiento, reconoce la hebra de nueva síntexto donde se encuentra la mutación, la escinde y restaura la secuencia correcta de ADN, mediante la copia de la hebra molde original. Por el contrario, si la reparación tiene lugar finalizado el proceso de metilación, resulta imposible diferenciar entre ambas hebras, por lo que la probabilidad de eliminar la mutación es del 50%, según se realice la escisión de la hebra mutada o de la hebra que incluye la secuencia correcta. Por tanto, este mecanismo de reparación no siempre resulta en la supresión de mutación, sino que a veces conduce a la instauración de la misma.

Reparación de roturas de doble hebra

Las roturas de doble hebra pueden ser reparadas tanto por mecanismos de recombinación homóloga y de unión de extremos no homólogos, como de alineamiento de hebra única [142-146] y se describen con más detalle en el apartado dedicado a los mecanismos mutacionales relacionados con los loci STRs.

Reparación de desapareamiento

Este mecanismo de reparación corrige los errores de desapareamiento producidos durante la replicación de ADN y en humanos comprende la acción de al menos cinco proteínas. Defectos en estas proteínas puede causar cáncer de colon hereditario [141].

Distribución genómica de los polimorfismos de base única

Los polimorfismos de un solo nucleótido (SNPs) son posiciones del genoma con al menos dos bases diferentes en una misma localización. Estos polimorfismos son muy abundantes y se ha calculado que hay alrededor de un SNP por cada 1000 nucleótidos, de manera que están ampliamente distribuidos por el genoma.

Se han reportado más de 11.9 millones de SNPs en el genoma humano [290,291] y paneles de más de 650.000 SNPs, son utilizados como marcadores de susceptibilidad de enfermedades genéticas en estudios de asociación de genoma completo [292-296].

Por todo ello, se han realizado importantes esfuerzos destinados a la búsqueda de estas regiones polimórficas, así como a estudiar las frecuencias de estos SNPs en diferentes grupos poblacionales humanos.

En este sentido, el proyecto HapMap, ha permitido el genotipado de 4 millones de SNPs en 270 individuos de diferentes grupos poblacionales de África, Asia y Europa Central [297]. La información del proyecto HapMap ha sido utilizada en la selección de los paneles de SNPs para su uso en estudios de asociación de genoma completo (*Genome Wide Association,* GWA).

Factores que afectan a la distribución genómica de polimorfismos de base única

En el genoma humano se observa que la distribución de los SNPs no es totalmente uniforme, debido en parte a la alta tasa de mutación de las islas CpG [298], relacionada ésta a su vez, con un patrón periódico entre la distancia que separa los SNPs idénticos dentro de las regiones ocupadas por loci STRs [299].

En las regiones STRs, los SNPs idénticos posicionados a 2, 4, 6 u 8 pb son 1.8 veces más frecuentes que los situados a distancias impares, que lo esperado por coincidencia. Este patrón de distribución está ausente en otras regiones del genoma [40].

Se desconoce el mecanismo por el cual se produce este hecho. Hasta la fecha se han propuesto dos hipótexto, basadas en que las regiones STR más comunes están compuestas por repeticiones de una o dos pares de bases [40,187,300].

La primera hipótexto refiere que un locus STR podría alojar una mutación y está dispersarse en la población. En este sentido, un individuo podría perder una unidad de repetición aguas arriba, de tal forma que el SNP se situaría a 2pb de su posición original.

En una meiosis posterior, los mecanismos de reparación podrían producir la deleción de una unidad de repetición y de esta manera dar lugar a una secuencia similar en número de repeticiones a la secuencia original, con la salvedad de que el SNP estaría situado a 2 pb de su posición inicial. Este mecanismo es poco probable por el elevado número de sucesos que comprende.

La segunda hipótexto señala que el cambio en la posición del SNP en 2 pares de bases tiene lugar por conversión génica [299].

Los autores de estas hipótexto señalan a su vez, la existencia de una posible relación entre la elevada metilación de las islas CpG y la mayor frecuencia de aparición de los SNPs idénticos separados por un número par de bases [299].

Características forenses de los polimorfismos de base única

Las muestras forenses que contienen ADN muy fragmentado y/o escaso requieren herramientas moleculares alternativas al habitual análisis mediante STRs multiplexes. En este sentido, recientemente se han llevado a cabo importantes avances en el análisis forense mediante SNPs, debido a la abundancia [262], a su baja tasa de mutación [261] y en especial al reducido tamaño requerido para su análisis (60 – 80 pb).

Los SNPs de interés forense pueden clasificarse en 4 categorías principales: SNPs de identificación, SNPs de linaje, SNPs de ancestralidad y SNPs informadores de fenotipo [256].

En realidad, todos los SNPs poseen capacidad identificativa debido a su naturaleza polimórfica, pero los SNPs de linaje, ancestralidad y aquellos informadores de fenotipo nos van a proporcionar una información adicional.

SNPs de identificación.

Los SNPS de identificación se caracterizan por su elevado polimorfismo en al menos un grupo poblacional, lo que permite su utilización como herramienta identificativa.

El consorcio SNPforID europeo, financiado por el programa EU GROWTH, desarrolló un sistema multiplex de 52 SNPs destinados al análisis forense. El sistema se basa en la combinación de dos reacciones SBE (*Single Base Extension*) detectadas por electroforesis capilar y ha sido validado tanto para su uso en muestras forenses [301] como en diagnóstico de parentesco [302].

Los resultados obtenidos en el estudio de muestras forenses se compararon con el análisis de STRs mediante PowerPlex 16 (Promega® Corporation, USA), y revelaron que aunque la reacción multiplex de 52 SNPs requiere una mayor cantidad de ADN, ofrece mejores resultados en el análisis de muestras de ADN altamente degradado, probablemente debido al menor tamaño de sus amplicones. Este sistema ha servido como base para el desarrollo de un sistema multiplex de 49 SNPs en 2009, que ha sido validado y acreditado de acuerdo con la ISO 17025. Este nuevo ensayo ha demostrado gran utilidad tanto en identificación humana como en la detección de mezclas en un ratio de 1:10 [303].

Así mismo, la validación de la reacción multiplex de 52 SNPs en relaciones de parentesco ha proporcionado índices de paternidad (IP) en el rango de 10^5 – 10^6, entre 5 - 50 veces inferiores a los proporcionados por el análisis de 15 loci STRs. Como contrapunto, se detectaron 6 discordancias en loci STRs mientras que no se detectaron mutaciones en los loci SNPs analizados. Por último, señalar que en solo 2 de las 83.096 comparaciones realizadas, se produjo una concordancia total entre personas no emparentadas, aunque en ambos casos el índice de parentesco (IP) entre el verdadero padre y el hijo era netamente superior [302].

Recientemente se han desarrollado diversas reacciones destinadas al análisis en multiplex de SNPs de interés forense con el objetivo de alcanzar una probabilidad de coincidencia equiparable a la de las STRs multiplexes y mejorar el análisis de muestras de ADN altamente degradado y la interpretación de mezclas. Algunos de los avances más importantes en estas áreas se han conseguido gracias al empleo de estrategias novedosas como el estudio de bloques haplotípicos de SNPs [304] y la utilización de loci diferentes a los habituales SNPs bialélicos, como los SNPs trialélicos [305] e INDELs [272].

SNPs de linaje

Los SNPs de linaje se caracterizan por la ausencia de recombinación y su baja tasa de mutación, y son de gran utilidad en la determinación de relaciones de parentesco cuando las evidencias y las muestras de referencia se encuentran separadas por varias generaciones. Hasta la fecha se han identificado SNPs de linaje para la determinación de la pertenencia ó no de un individuo a un linaje materno (SNPs del ADN mitocondrial ó mtSNPs) ó paterno (Y-SNPs).

La utilidad del ADN mitocondrial en Genética Forense está limitada, tanto por su reducido poder de discriminación, como por la ausencia de bases de datos de calidad. La secuenciación completa del genoma mitocondrial, ha permitido la selección de SNPs, cuyo genotipado ofrece un mayor poder de discriminación que el análisis habitual de las regiones hipervariables I y II [306,307].

Estos SNPs se encuentran tanto en la región control fuera de las regiones hipervariables I y II, como en la región codificante del ADN mitocondrial. Recientemente se han desarrollado varias reacciones multiplex como la 11plex que permiten el análisis de algunos de estos SNPs y el progresivo enriquecimiento de las bases de datos de ADN mitocondrial [308].

Los mtSNPs e Y-SNPs son de gran interés en la reconstrucción de la historia evolutiva [256]. En este sentido, el análisis de 230 mtSNPs mediante la tecnología MALDI-TOF MS (*Matrix Assisted Laser Desorption/Ionization- Time Of Flight, Mass Spectrometry*), incluye la totalidad de las variaciones de tipo SNP requeridas para posibilitar el estudio de las ramas mayores y menores del árbol africano [309].

De la misma manera, la detección de 23 mtSNPs permite la distinción entre los haplogrupos hermanos U/K (16 SNPs) y J/T (7SNP). Este tipo de análisis es de especial utilidad en la exclusión de muestras para la restricción del número de sospechosos [310].

Por otro lado, el continuo descubrimiento de Y-SNPs incrementa la utilidad de estos loci en el análisis de linajes por vía paterna y aumenta la resolución de la filogenia del cromosoma Y. Algunos de estos Y-SNPs están restringidos a pequeñas regiones geográficas y por tanto pueden ser de gran utilidad en Genética Forense como herramientas de predicción de la población de origen en muestras desconocidas. Reacciones multiplex que analizan varios de estos loci han demostrado su utilidad en la determinación de la población de origen [311], incluso en mezclas de ADN en las que el componente masculino sea extremadamente escaso [312].

Sin embargo, pese a los esfuerzos realizados en la investigación acerca de la capacidad de determinación de la ancestralidad de mtSNPs e Y-SNPs, la herencia uniparental de estos loci, así como su escasa representación en el genoma humano limitan su capacidad en este sentido [256].

SNPs de ancestralidad

Los SNPs de ancestralidad (SNPs - AIMs) se caracterizan por su reducida heterocigosidad y su elevada capacidad para distinguir entre diferentes poblaciones. Estos loci, están distribuidos a lo largo de todo el genoma y presentan frecuencias muy diferentes en las distintas poblaciones [256]. Por ello, los AIMs permiten establecer con una elevada probabilidad la ancestralidad biogeográfica del individuo, con el objetivo de inferir indirectamente determinadas características fenotípicas que permitan orientar la investigación criminal.

Recientemente, se han desarrollado sistemas de análisis en multiplex de SNPs que combinan el estudio de loci situados en cromosomas autosómicos, sexuales e incluso ADN mitocondrial, dando lugar a herramientas de análisis de gran utilidad en diversas áreas.

Un nuevo sistema de identificación humana se basa en el análisis simultáneo de 6 SNPs para la determinación del sexo y 30 SNPs adicionales cuyo probabilidad de identidad combinada es de 4.83×10^{-13}, la cual se incrementa 10 veces por cada 5 SNPs incluidos [313]. Otro sistema de análisis de SNPs en formato multiplex, permite el análisis simultáneo de regiones autosómicas (46 SNPs), cromosoma Y (29 SNPs) y ADN mitocondrial (49 SNPs) mediante una nueva reacción multiplex de 124 SNP. Dicha reacción es de gran interés en el estudio de genealogías, identificación humana y diagnósticos de paternidad y maternidad [314].

SNPS informativos de fenotipo

Estudios de asociación mediante SNPs proporcionan una de las mejores herramientas disponibles en la búsqueda de genes relacionados con rasgos físicos. En la actualidad es posible investigar rasgos físicos complejos ó cuantitativos, como la pigmentación, la estatura y la morfología facial, mediante modelos de SNPs [315].

En este sentido, el genotipado de un SNP localizado en el gen HERC2 a partir de restos óseos que presuntamente pertenecen al célebre astrónomo Nicolaus Copernicus (1473-1543), sugiere que éste poseía ojos claros [316].

De la misma manera, el análisis de 10 SNPs localizados dentro de seis genes relacionados con la pigmentación a partir de 25 restos arqueológicos humanos hallados en Siberia, indica que los individuos analizados poseían ojos, tez y pelo claros [317].

El estudio del fenotipo a través de ADN es una línea de investigación extremadamente compleja y es posible que su utilidad tanto en Antropología como en Genética Forense crezca exponencialmente en un futuro cercano.

Otros tipos de SNPs de interés forense

SNPs para la determinación de especies

El análisis de varios SNPs situados en el citocromo b mediante una única reacción, permite diferenciar especies de pequeños mamíferos, lo que puede ser de gran de interés tanto en ciencia forense como en la investigación de especies en peligro de extinción [318].

SNP en regiones flanqueantes a STRs

Como hemos comentado anteriormente, en la actualidad gran parte de los análisis destinados bien a identificación bien al diagnóstico de parentesco, se centran en el genotipado de loci STRs [1].

En este sentido cabe destacar que, los SNPs localizados en el extremo 3′ del lugar de unión de un cebador pueden dar lugar a alelos nulos y a discordancias en el genotipado de STR mediante diferentes sistemas comerciales [218,269,319,320].

Hasta el momento se ha publicado el descubrimiento de varios de estos polimorfismos en las regiones flanqueantes a STRs, principalmente orientados a explicar las discordancias existentes en el genotipado de STR mediante diferentes sistemas [218,269], así como a evitar el diseño de futuros cebadores en regiones ocupadas por SNPs [60]. El marcador STR conocido como vWA e incluido en el CODIS, es uno de los STRs presentes en el intrón 40 del factor con Willebrand (vWF). Diversos SNPs e INDELs han sido descubiertos en las regiones flanqueantes a dicho STR. El conocimiento de estos polimorfismos puede ser de interés, tanto para disminuir las discordancias en el genotipado por diferentes sistemas [321], como para evitar dificultades en la optimización del genotipado de vWF y llevar a cabo estudios de desequilibrio de ligamiento que puedan conducir a su agrupamiento en haplotipos, de gran interés en la resolución de diagnósticos de parentesco complejos [322].

Secuenciación directa de ADN

La secuenciación de ADN mediante electroforesis capilar constituye el actual estándar tecnológico para la determinación de la secuencia de ADN de un amplicón y ha sido esencial en la secuenciación automática de diversos genomas [323]. De la misma manera en el análisis de loci STRs, permite confirmar la presencia de alelos poco frecuentes y determinar la causa de pérdidas alélicas [60].

Evolución de los métodos de secuenciación de ADN

Uno de los primeros métodos de secuenciación fue desarrollado por Sanger [324]. Este método se fundamentó por un lado, en la utilización de dideoxinucleótidos (ddNTPs) a modo de terminadores de la polimerización de la cadena de ADN y por otro, en la detección de los diferentes fragmentos de ADN mediante el uso de geles desnaturalizantes de poliacrilamida.

Posteriormente, la introducción de ddNTPs marcados fluorescentemente facilitó la lectura de los resultados y supuso la base de la tecnología utilizada en la secuenciación del genoma humano [325]. Esta tecnología permite el uso de 4 dideoxinucleótidos marcados con fluorocromos, que emiten a diferentes longitudes de onda en una única reacción de secuenciación.

Hoy en día dicha tecnología sigue siendo la más utilizada en la secuenciación de largas cadenas de ADN.

En los últimos años, se han producido importantes mejoras en el análisis de ADN mediante electroforesis capilar. Así pues, la utilización de polimerasas de ADN modificadas y nuevos marcajes [326], solventó los problemas iniciales de diferencia de altura entre picos.

A su vez, la electroforesis en geles de poliacrilamida, fue sustituida por la electroforesis capilar automática [327]. Del mismo modo, los capilares evolucionaron para disminuir los problemas causados por la temperatura y la elevada concentración de sales [328].

También cabe destacar que, el desarrollo del remplazo automático de polímero después de cada inyección [329], supuso un avance importante en la secuenciación automática a gran escala.

Para concluir señalar que, la secuenciación de ADN en modo multiplex [330] y la mejora en la sensibilidad de la técnica [331], permitieron alcanzar el rendimiento necesario para llevar a cabo la secuenciación del genoma humano.

PCR Cíclica de secuenciación

La PCR cíclica de secuenciación (*polymerase chain reaction cycle sequencing)* es uno de los métodos más eficaces de secuenciación de ADN. Este método en realidad no es una PCR en un sentido estricto, ya que incluye un único cebador y por tanto se produce una amplificación lineal.

El proceso implica aproximadamente 20 ciclos de desnaturalización, alineamiento y extensión, de tal manera que da lugar a la generación de fragmentos de ADN de diferentes tamaños, en función del número de deoxinucleótidos incorporados en cada hebra de ADN antes de la incorporación de un dideoxinucleótido marcado, que provoca la terminación de la extensión.

Las mejoras relacionadas con la PCR cíclica de secuenciación, permiten el incremento en la longitud del producto de PCR secuenciado y la reducción de la duración del proceso [61].

Secuenciación automática de ADN

La secuenciación automática de ADN mediante electroforesis capilar se basa en la migración de los amplificados marcados obtenidos por PCR cíclica de secuenciación a través de capilares de 50 micras de diámetro. Los extremos de cada capilar (ánodo y cátodo) están sumergidos en una solución tampón TE 1x que facilita el paso de una corriente eléctrica a lo largo del capilar.

El equipo lleva a cabo una inyección electrocinética de la muestra, es decir, solamente se inyectan moléculas de ADN amplificado (además de sales y otros posibles restos) y en ningún caso el solvente que contiene estas moléculas.
Dado que el ADN es una molécula cargada negativamente los amplificados migran hacia el polo positivo.

La migración a través del capilar es dependiente del tamaño del fragmento, de forma que en primer lugar atraviesan el capilar los fragmentos que únicamente están formados por el cebador y un ddNTP incorporado, para a continuación migrar fragmentos de tamaño creciente.

En este recorrido los fragmentos de ADN atraviesan la cámara de detección, donde el detector láser registra la fluorescencia emitida por el ddNTP unido a cada fragmento amplificado.

Posteriormente, el software del equipo se encarga de interpretar la información de cada tipo de fragmento para así resolver la secuencia de ADN completa, lo que da lugar a una representación gráfica denominada electroferograma.

Dicho electroferograma, representa la secuencia de bases de ADN del producto amplificado.

En este sentido cabe señalar que, los principales artefactos observados en un electroferograma de secuenciación de ADN, pueden ser debidos a: una incorrecta limpieza del producto de amplificado previa a la reacción de secuenciación (restos de sales), una saturación por exceso de ADN molde en la PCR de secuenciación, la presencia de fluorocromos no incorporados que no han sido eliminados en el proceso de limpieza de esta reacción de PCR, la utilización de un cebador inadecuado en la reacción de secuenciación, la presencia de un amplificado inespecífico que es co-secuenciado junto con el amplificado de interés, así como a heteroplasmias puntuales y de longitud.

Problemática de la secuenciación de fragmentos de ADN de hasta 1000 pb

La secuenciación de fragmentos de ADN superiores a 300 pb, se ve afectada por el *reptado* del ADN durante su migración a través del capilar. El elevado campo eléctrico orienta a las moléculas en función de la corriente, de manera que el extremo en cabeza guía al resto de la molécula a través del capilar con un movimiento serpenteante.

Este fenómeno disminuye las diferencias en la movilidad electroforética basadas en las diferencias de tamaño [332].

En este sentido decir que, el efecto del fenómeno de reptado disminuye con el aumento de la temperatura del capilar a 55ºC, permitiéndose así la secuenciación de fragmentos más allá de las 1000 pb [333]. Así mismo, el incremento de la longitud de la cadena del polímero aumenta también el rendimiento de la separación de fragmentos de ADN de gran tamaño [333].

No obstante, el uso de temperaturas de 60ºC aumenta la velocidad en la secuenciación hasta una cifra superior a las 1000 bases por hora [334].

Pirosecuenciación

La pirosecuenciación es una técnica de secuenciación ultra rápida caracterizada por el uso de un cebador, que hibrida con el producto de PCR y se incuba junto con ADN polimerasa, ATP sulfurilasa, luciferasa y apirasa.
Durante la reacción de polimerización del ADN, se añaden secuencialmente soluciones con cada uno de los cuatro nucleótidos, uno de los cuales en cada caso se incorporará a la nueva hebra sintetizada y liberará en la reacción una molécula de pirofosfato. Posteriormente, la ATP sulfurilasa media la reacción que convierte el pirofosfato en ATP, molécula que a su vez, posibilita que la luciferasa medie la conversión de luciferina en oxiluciferina y se produzca luz.

Cabe señalar que la apirasa degrada tanto la molécula de ATP como los componentes de dNTPs resultantes tras cada incorporación nucleotídica a la nueva hebra de ADN. De este modo, la adición secuencial de cada uno de los nucleótidos es precisa y puede determinarse con exactitud la secuencia de la región analizada.

La luz producida tras la incorporación de cada nucleótido es procesada de tal manera que, se obtiene la representación denominada pirograma que contiene la secuencia del fragmento analizado.

De esta manera, la pirosecuenciación permite la secuenciación rápida de amplicones de reducido tamaño y es especialmente eficaz en la determinación de polimorfismos de base única [335].

Recientemente, mediante el estudio de 7242 regiones de un promedio de longitud de 195 pb, la pirosecuenciación ha permitido el desarrollo de análisis metagenómicos de vestigios biológicos de carácter forense. Dichos análisis, debido al elevado número de regiones estudiadas y al carácter cuantitativo de la tecnología de pirosecuenciación, posibilitan la determinación cuantitativa de las especies que componen una muestra de ADN [336].

Es una cuestión recurrente en Genética Forense, qué cantidad de SNPs se precisa analizar para alcanzar un poder de discriminación equivalente al análisis combinado de los loci STRs incluidos en el CODIS (referencias). Gracias a la información disponible en *HapMap SNP database* y al uso de la pirosecuenciación, se ha desarrollado una nueva herramienta para la identificación humana del estudio de 3.905.819 SNPs, de los que posteriormente se han seleccionado 1439 por su elevada heterocigosidad en cuatro grandes grupos poblacionales [337].

De la misma manera, se ha utilizado la pirosecuenciación en el análisis de 52 SNPs localizados en la región codificante del ADN mitocondrial [338].

Así mismo, las características de dicha tecnología ha permitido la mejora en el análisis de mezclas de ADN respecto a la secuenciación de Sanger [339].

Búsqueda y detección de nuevos polimorfismos de base única mediante el binomio DHPLC-AAS.

Entre las diversas técnicas disponibles para la búsqueda de mutaciones, la Cromatografía de Alta Resolución en Condiciones Desnaturalizantes (*Denaturing High Performance / Presion Liquid Chromatography,* DHPLC) combinada con Analizador Automático de Secuencias (AAS), destaca por su alta sensibilidad y especificidad, rapidez y bajo coste. Además evita los inconvenientes de otras técnicas debido a su elevado grado de automatización [340].

Fundamento de la tecnología DHPLC

La DHPLC, es una técnica de separación de ácidos nucleicos capaz de trabajar en un amplio rango de temperaturas.

La separación de moléculas de ADN por DHPLC se debe a la interacción entre el ADN y una columna cromatográfica de naturaleza hidrofóbica, compuesta por cadenas de 18 carbonos dispuestas sobre un lecho de poliestireno-divinilbenceno (PSDVB). El enlace del ADN a la columna se produce gracias a la interacción con un agente anfipático incluido en la fase móvil (acetato de trietilamonio, TEAA) [341]. La elución del ADN retenido se lleva a cabo mediante la ruptura de la unión ADN - TEAA, favorecida por la presencia de acetonitrilo en la fase móvil.

Por lo tanto cabe señalar que, la elución del ADN de la columna depende en gran manera del gradiente lineal de acetonitrilo aportado por la fase móvil.

La detección de SNPs por DHPLC se produce en condiciones semidesnaturalizantes (52-75ºC) [341] y se basa en la diferencia de las propiedades termodinámicas del ADN entre moléculas de doble hebra plenamente complementarias (homodúplex) y aquellas que muestran desapareamiento por la presencia de polimorfismos en heterocigosis (heterodúplex) [342].

Un detector situado al final de la columna, registra el paso de las diferentes moléculas de ADN, homodúplex y heteróduplex, mediante la medida de la absorbancia del ADN a 254 nm. La absorbancia es directamente proporcional a la cantidad de ADN que atraviesa el detector en un determinado momento, de tal manera que los resultados se representan en cromatogramas que muestran la intensidad de absorbancia (milivoltios) detectada a diferentes tiempos [341].

Aplicaciones forenses de la tecnología DHPLC

La tecnología DHPLC ha sido ampliamente utilizada en el ámbito forense, en especial, en el descubrimiento y análisis de SNPs de cromosomas sexuales, en el análisis de STRs a partir de amplicones no marcados, en el desarrollo de un método para la determinación del sexo mediante el análisis de amelogenina a partir de amplicones de tamaño muy reducido. De la misma manera, la DHPLC ha demostrado su utilidad en el estudio del ADN mitocondrial, en especial en el análisis mezclas naturales (heteroplasmias) y de más de un contribuyente.

El estudio de SNPs constituye una línea de investigación de importancia creciente en Genética Forense debido a su utilidad en el análisis de muestras de ADN altamente degradado [301]. De tal forma que, mediante la combinación de la tecnología DHPLC - secuenciación directa, se han logrado detectar numerosos polimorfismos en el cromosoma Y [343,344].

El análisis de STR se utiliza normalmente en identificación humana y parentesco biológico debido la elevada variabilidad de estas regiones del ADN.

Habitualmente estos loci STRs se genotipan mediante análisis de amplicones por electroforesis capilar [345], aunque se disponga de otros métodos alternativos como la pirosecuenciación, que además del tamaño del amplicón proporciona información sobre la secuencia [228].

La tecnología DHPLC permite el genotipado de loci STRs sin necesidad de marcar los amplicones, a diferencia del análisis de fragmentos mediante secuenciador de ADN. Además, el análisis de STRs mediante DHPLC posibilita la separación física de los diferentes alelos para su posterior secuenciación, siendo esto de especial utilidad en la resolución de casos de parentesco complejos [346,347].
El genotipado de la amelogenina posibilita la determinación del sexo [348]. Habitualmente se realiza mediante el análisis de amplicones marcados que muestran diferente tamaño para el cromosoma X e Y (106 y 112 pb, respectivamente) en un secuenciador de ADN [78]. El amplicón de menor tamaño utilizado hasta la fecha que implique diferencias en longitud entre cromosomas X e Y es de 81 y 84 pb, respectivamente [349].

La tecnología DHPLC al permitir diferenciar amplicones de idéntica longitud y distinta secuencia, ha posibilitado la reducción del amplicón mínimo para el genotipado de amelogenina a 45 pb, en el que cromosoma X e Y difieren en una sustitución [349]. Esta técnica puede ser de gran interés en la determinación del sexo a partir de muestras de ADN altamente degradado.

Otras aplicaciones de la tecnología DHPLC

La tecnología DHPLC ha demostrado su utilidad en áreas de conocimiento muy diversas distintas de la Genética Forense.

Por un lado tenemos que, esta tecnología se ha empleado en el estudio de la colitis ulcerosa [350] y fiebre tifoidea [351]. De la misma manera, la DHPLC ha sido utilizado en identificación y cuantificación de comunidades microbiológicas industriales, con el objetivo de reemplazar ensayos basados en cultivos [352].

La DHPLC también se ha aplicado en avicultura, concretamente en la mejora del conocimiento sobre el crecimiento y el metabolismo de los pollos, mediante el estudio de los SNPs del gen del receptor de la hormona de crecimiento de estos animales [353].

Bases de datos de SNPs de interés forense

Actualmente existen grandes bases de datos nacionales e internacionales donde se almacenan millones de perfiles genéticos basados en loci STRs para su comparación con los perfiles genéticos de sospechosos y evidencias criminales [231,232]. Sin embargo, no existen bases de datos análogas a éstas, sustentadas en SNPs de interés forense.

En este sentido, se han desarrollado diversas bases de datos de SNPs *online*, así como indicaciones para facilitar la selección de los loci apropiados para aplicaciones forenses [354].

La *SNPforID browser* es una herramienta que consiste en una *web* para la búsqueda y la visualización de frecuencias alélicas de SNPs de aplicación forense, generadas por el consorcio *SNPforID* (http://www.snpforid.org/). La *SNPforID browser* agrupa los resultados obtenidos mediante la reacción multiplex de 52 SNPs [301,302] en diversos estudios poblacionales [355].

En este sentido, la base de datos SNPforID browser resulta de gran utilidad en la combinación de diferentes poblaciones en grupos geográficos apropiados para una adecuada comparación visual [356].

No obstante, recientemente se ha creado la Base de Datos Internacional de SNPs (*International SNP database*) que junto al desarrollo de plataformas de alto rendimiento para el genotipado de SNPs, permite realizar estudios de asociación de todo el genoma [357].

II. CONTRIBUCIONES DE LOS AUTORES AL ÁREA

ADN ALTAMENTE DEGRADADO Y REQUERIMIENTOS DE LAS HERRAMIENTAS MOLECULARES PARA SU ANÁLISIS

La degradación del ADN es habitualmente el resultado de procesos naturales que tienen lugar debido a la exposición prolongada del ADN al ambiente [246]. Luz intensa, humedad, elevadas temperaturas, así como contaminaciones fúngicas y bacterianas seguidas del crecimiento de estos microorganismos, entre otros sucesos, conducen a la degradación física, química y bioquímica del ADN, y como consecuencia de esta degradación se reduce progresivamente el tamaño de los fragmentos de ADN disponibles en los restos biológicos [243]. Lo mismo ocurre por efecto de compuestos químicos como el formol empleado en la fijación de los tejidos en parafina [246].

Gran parte de las muestras de ADN analizadas en Genética forense se caracterizan por su elevada degradación, con los fragmentos de ADN que difícilmente superan las 300 pb [243] y en ciertos casos, también por la escasa cantidad de ADN disponible, como ocurre en restos biológicos tales como pelos telogénicos con [82] y sin raíz [247]. Así mismo, estas muestras pueden estar formadas por la mezcla de ADN de diferente origen, como es frecuente en los delitos de carácter sexual [63].

Por tanto, las herramientas moleculares desarrolladas para el análisis de muestras de ADN altamente degradado, han de ser capaces de proporcionar perfiles genéticos completos a partir de fragmentos de ADN de reducido tamaño [258,260] y en escasa cantidad de ADN [82,247].

DISEÑO DE STRs MULTIPLEXES

Inconvenientes del tamaño de amplificado de las STRs multiplexes para el análisis de ADN altamente degradado

El ADN microsatélite se analiza mediante PCR multiplex. Las STRs multiplexes convencionales utilizadas en identificación humana, son capaces de proporcionar perfiles genéticos mediante la amplificación de 15 loci STRs y amelogenina con una probabilidad de coincidencia del orden de una entre un trillón (10^{-18}) a partir de ADN no degradado [218]. Sin embargo, a partir de extractos de ADN altamente degradado [258,259], estas STRs multiplexes no son eficaces en la amplificación de los 15 loci porque algunos de ellos requieren tamaños de ADN molde que superan las 300pb. Esto representa un gran inconveniente porque muchos de los perfiles que se obtienen a partir de ADN altamente degradado son incompletos, y en consecuencia resultan insuficientes para la resolución de identificaciones.

Recomendaciones de EDNAP y ENFSI para solucionar el problema

La cuestión es de tal relevancia que los Grupos de Trabajo Internacionales EDNAP y ENFSI han coordinado diversas iniciativas destinadas a evaluar la capacidad de análisis de muestras de ADN altamente degradado mediante STRs multiplexes convencionales [260] y a desarrollar nuevas herramientas moleculares basadas en miniSTRs.

Estos miniSTRs son producto del rediseño de los cebadores con el fin de posibilitar su unión a zonas más cercanas a la región de repeticiones STRs, de tal manera que reducen el tamaño del amplicón mientras conservan la misma información [68,260] y así, se incrementa el número de loci de los perfiles genéticos obtenidos a partir de muestras de ADN altamente degradado [70,259,263].

En 2006, las comisiones de EDNAP y ENFSI se reunieron con el objetivo de estandarizar y fijar estrategias universales encaminadas al desarrollo de nuevas STRs multiplexes, basadas en [234]: I) la adición de nuevos loci STRs a las multiplexes preexistentes y II) la reducción de los tamaños de los amplicones a formato miniSTR. El objetivo no es el reemplazo de las STRs multiplexes existentes por otras nuevas, si no el uso combinado de ambas.

Estas iniciativas supusieron un cambio en las prioridades de EDNAP y ENFSI, ya que con anterioridad habían centrado sus esfuerzos en la implementación progresiva de nuevos loci STRs para el aumento del poder de discriminación de los perfiles genéticos en muestras de rutina [266,267].

Ventajas e inconvenientes de las nuevas miniSTRs multiplexes

Entre las miniSTRs multiplexes desarrolladas recientemente, destacan Minifiler™ que permite el análisis de 8 loci STR y amelogenina en fragmentos de ADN mayores de 283 pb [58,85] y Bioplex-11 que analiza un total de 11 loci STRs y amelogenina en fragmentos de ADN mayores de 270 pb [82]. Cabe señalar que Bioplex-11 analiza 8 loci del CODIS en formato miniSTR, si bien para ello marca parte de sus cebadores con biotina, lo que posibilita separar los amplificados en dos grupos que han de ser analizados en *runs* de electroforesis independientes. Esta estrategia permite a Bioplex-11 analizar los loci en formato mini- y midiSTR.

Tanto Minifiler™ como Bioplex-11 ofrecen un elevado rendimiento en el análisis de ADN altamente degradado, sin embargo, el reducido número de loci miniSTRs analizados por reacción PCR multiplex limita el poder de discriminación de los perfiles genéticos obtenidos. Así mismo, el resto de las nuevas reacciones se caracterizan por su incapacidad para analizar el conjunto de loci de la ECL (*European Core loci*) y en especial de aquellos loci que componen el CODIS (*Combined DNA Index System*), a partir de fragmentos de ADN que no superen las 300 pb, con la excepción de PowerPlex® ESI que analiza la totalidad de los loci incluidos en la ECL.

Características de nuestra STR multiplex

Los autores de esta obra han colaborado en el desarrollo de un sistema para la amplificación multiplex de 15 loci, llamado I DNA1, que combina tecnología mini- y midiSTR con tamaños de amplificado en el rango de 49-297pb [358].

I-DNA1 analiza la totalidad de los STRs incluidos en el CODIS y 9 de 10 de la ECL, así como amelogenina, a partir de fragmentos de ADN que no superen las 300 pb. Además, amplifica simultáneamente 9 loci miniSTRs más amelogenina en rangos comprendidos entre 50-200pb, todos ellos incluidos en el CODIS y 6 también incluidos en la ECL, lo que convierte a I-DNA1 en una herramienta altamente eficaz para su uso en identificación humana y en especial, cuando las muestras de ADN están altamente degradado [358].

I-DNA1 destaca por ser el único sistema disponible en la actualidad que permite analizar la totalidad de los loci incluidos en el CODIS en formato mini- y midiSTR. Tres de los loci son analizados en formato midiSTR y 9 Loci STR más amelogenina en formato miniSTR, por lo que analiza un mayor número de miniSTRs incluidos en el CODIS que el resto de reacciones, tanto miniSTRs multiplexes como nuevas STRs multiplexes desarrolladas hasta la fecha.

Así mismo, I-DNA1 permite el análisis de 9 loci STR de la ECL, 4 en formato midiSTR y 5 en formato miniSTR [358]. En este sentido, en la actualidad PowerPlex® ESI es la única STR multiplex que permite analizar los 10 loci incluidos en la ECL en formato mini- y midiSTR. Dos de los loci son analizados en formato midiSTR y ocho en formato miniSTRs.

Por lo tanto, la estrategia de diseño de I-DNA1 sugiere un elevado rendimiento en el análisis de los loci incluidos en las actuales bases de datos a partir de muestras de ADN altamente degradado, si bien presenta el inconveniente de no incluir los 5 nuevos loci recomendados para su inclusión en las futuras bases de datos, presentes por otro lado en reacciones tales como NGM™, PowerPlex® ESX y ESI. En este sentido cabe señalar que la estrategia de diseño de I-DNA1 debido al reducido tamaño de sus amplicones, soporta la futura incorporación de nuevos loci.

El objetivo último de las estrategias propuestas por EDNAP y ENFSI, es posibilitar el desarrollo de nuevas STRs multiplexes que utilizadas en conjunto sobre una misma muestra, permitan el análisis de un mayor número de miniSTRs y por tanto, un mayor rendimiento en el análisis de muestras de ADN altamente degradado [234].

Las miniSTRs multiplexes desarrolladas hasta la fecha, no han sido expresamente diseñadas para su uso combinado con reacciones preexistentes, a excepción de la combinación Minifiler™ – Identifiler®, que permite el análisis de la totalidad de los loci del CODIS y de la ECL, mediante amplicones que no superan las 300 pb [58,85].

Hoy en día, se comercializan dos combinaciones de STRs multiplexes que suponen una fusión entre las estrategias de diseño I y II: Minifiler™-NGM™ [51] y PowerPlex® ESX + PowerPlex® ESI [270]. Estas combinaciones, a partir de fragmentos de ADN que no superan las 300pb, permiten analizar la totalidad de los loci incluidos en la ECL, así como 4 y 5 de los nuevos loci, respectivamente.

Por tanto, diferentes grupos de investigación han llevado a cabo importantes avances en el desarrollo de herramientas moleculares para el análisis de muestras de ADN altamente degradado [51,58,82,85,270]. Parte de esos esfuerzos han culminado en el desarrollo de sistemas comerciales diseñados para su uso combinado que incluyen la reducción de tamaño de gran parte de los loci recogidos en las principales bases de datos, así como la adición de los 5 nuevos loci recomendados.

El principal inconveniente de las STRs multiplexes, así como de las combinaciones de STRs multiplexes desarrolladas hasta la fecha, es que no permiten el análisis de la totalidad de los loci incluidos en las actuales bases de datos del CODIS y de la ECL, en formato mini- y midiSTR, con la excepción de la combinación Minifiler™-Identifiler®. Por lo que, probablemente los perfiles de STRs que se produzcan a partir de extractos de ADN altamente degradados no permitan su comparación con la de la totalidad de los loci STRs genotipados en los millones de perfiles genéticos almacenados en estas base de datos.

Características de nuestra combinación de STRs multiplexes

I-DNA2, que combinado con I-DNA1 forma I-DNADuo, capaz de analizar 15 loci STRs más amelogenina, incluye la totalidad de los marcadores del CODIS y ECL a partir de fragmentos que no superan las 300 pb [359].

Así mismo, I-DNA1 y I-DNA2 presentan un reducido tamaño de amplicones y han sido específicamente diseñadas para que su la combinación I-DNADuo posibilite la amplificación de 13 loci en formato miniSTR, 12 de ellos incluidos en el CODIS y 8 en la ECL. Cabe señalar que I-DNADuo, mediante amplicones que no superan las 229 pb, permite analizar la totalidad de los loci incluidos en el CODIS y 9 de los 10 de la ECL (excepto D19S433) [359].

Por lo tanto, I-DNADuo desarrollada en la presente texto, al igual que la combinación Minifiler™-Identifiler® y a diferencia del resto de combinaciones desarrolladas hasta la fecha, no incluye los nuevos 5 loci recomendados para su futura inclusión en las base de datos, pero por el contrario, permite el análisis en formato mini- y midiSTR de la totalidad de los loci incluidos en el CODIS y en la ECL.

El tamaño de los amplicones de un sistema STR multiplex, es crítico para la obtención de perfiles genéticos a partir de muestras biológicas altamente degradado [70,71]. I-DNA1 es la única STR multiplex capaz de analizar la totalidad de los loci del CODIS partir de fragmentos que no superen las 300pb, requerimiento que se reduce a 229 pb mediante el uso de I-DNADuo [359]. No se han publicado los tamaños de amplificado exactos de Minifiler™-Identifiler®, y estos no pueden extrapolarse de sus electroferogramas debido a que los cebadores de estas reacciones utilizan conectores no nucleotídicos que alteran la movilidad electroforética de los amplificados. Según la información gráfica publicada el tamaño mínimo de los fragmentos de ADN requeridos por esta combinación de reacciones para analizar la totalidad del CODIS, es de aproximadamente 255 pb [263]. Por lo tanto, no ha sido posible determinar cuál de estas dos combinación de reacciones es capaz de analizar la totalidad de loci del CODIS a partir de fragmentos de ADN de menor tamaño y en consecuencia, determinar cuál de las dos presenta una estrategia de diseño más adecuada para el análisis de muestras de ADN altamente degradado.

Para obtener información al respecto, se realizó un análisis comparativo de la capacidad de análisis de muestras de ADN altamente degradado mediante el análisis de 10 muestras de parafina correspondientes a autopsias del año 80, embebidas en formol durante 72-96 horas antes de ser incluidas en parafina y caracterizadas por la fragmentración de su ADN. Se compararon I-DNA1, I-DNA2, el uso combinado de ambas en I-DNADuo, Identifiler® y Minifiler™, así como de la combinación de estas dos últimas.

Los resultados indicaron que Identifiler®, debido al gran tamaño de sus amplificados, presenta los peores resultados de entre todos los sistemas comparados, al proporcionar una media de 2,9 loci STRs, (D3S1358 y D8S1179 incluidos en el CODIS) con una probabilidad de coincidencia de aproximadamente una entre mil (10^{-3}), tanto en total como si se consideran únicamente los loci del CODIS, por lo que resulta una reacción insuficiente para su uso como herramienta identificativa a partir de ADN altamente degradado. I-DNA2 y Minifiler™ presentan un rendimiento similar, tanto en número de loci analizados (8 STRs y 7,4 STRs, respectivamente), como en cuanto a probabilidad de coincidencia, en ambos casos de aproximadamente una entre mil millones (10^{-9}), o una entre cien millones (10^{-8}) si se consideran únicamente los loci del CODIS.

I-DNA1, permitió el análisis de 10 loci STR más amelogenina, todos ellos incluidos en el CODIS, con una probabilidad de coincidencia de una entre diez mil millones (10^{-10}), por lo que alcanza un mayor rendimiento que el resto de métodos comparados en cuanto a capacidad de análisis de loci incluidos en el CODIS a partir de muestras de ADN altamente degradado. I-DNA1 proporciona incluso, perfiles genéticos de probabilidad de coincidencia comparable a la de los perfiles genéticos obtenidos mediante la combinación Minifiler™-Identifiler® (10^{-8} - 10^{-11}).

El genotipado por duplicado mediante combinaciones de reacciones aumenta la fiabilidad de los perfiles genéticos obtenidos [60,85]. I-DNADuo ofreció perfiles genéticos más completos que la combinación Minifiler™-Identifiler® en cuanto a: 1) número de loci, al analizar 14 loci STR más amelogenina (la totalidad del CODIS y D2S1338) respecto a 10 STRs más amelogenina (8 incluidos en el CODIS) analizados por la combinación Minifiler™-Identifiler®; y b) probabilidad de coincidencia, de una entre cien billones y mil billones (10^{-14} - 10^{-15}), respecto a una entre cien millones y cien mil millones (10^{-8} - 10^{-11}). En cuanto al genotipado por duplicado de muestras de ADN altamente degradado la combinación I-DNADuo, ofrece un mayor rendimiento que la combinación Minifiler™-Identifiler®. Esta segunda combinación permite genotipar por duplicado únicamente el locus de sexo amelogenina, mientras que la I-DNADuo permite el genotipado por duplicado de 5,4 loci STR, todos ellos incluidos en el CODIS, con una probabilidad de coincidencia de una entre mil y una entre diez mil (10^{-3}-10^{-4}), lo que mejora incluso la probabilidad de coincidencia de los perfiles obtenidos en el análisis de las muestras de parafina mediante Identifiler®.

En conclusión, I-DNA1, I-DNA2 y el uso combinado de ambas reacciones en I-DNADuo, presenta un diseño adecuado para el análisis de fragmentos de ADN de tamaño reducido mediante tecnología mini- y midiSTR, y ofrecen un mayor rendimiento en el análisis de loci incluidos en el CODIS a partir de muestras de ADN altamente degradado, respecto al resto de STRs multiplexes, tanto por separado como en combinación [358,359].

Este hecho ha dado lugar a que las reacciones multiplexes desarrolladas en el presente trabajo de texto hayan sido objeto de dos solicitudes de patente (ver anexo: "Solicitudes de patente").

Perspectivas futuras de las estrategias de diseño para el desarrollo de STRs mutiplexes destinadas al análisis de muestras de ADN altamente degradado.

Desde la selección de los 13 loci STRs del CODIS en 1997 [360] y el desarrollo de la STR multiplex SGMplus™ en 2001 [81], se han producido importantes avances en el conocimiento del genoma, liderados por la secuenciación completa del genoma humano en 2003, año en el que también se instauró la base de datos europea de ADN que almacena principalmente perfiles genéticos obtenidos mediante el análisis de SGMplus™.

Nos encontramos ante el hecho de que los loci que componen las actuales bases de datos fueron incluidos en un contexto en el que se carecía de los conocimientos y las posibilidades tecnológicas actuales. Así mismo, gran parte de los cebadores utilizados en las principales STRs multiplexes fueron desarrollados en ese mismo contexto, de modo que, tanto Identifiler® como NGM™ incluyen las 10 parejas de cebadores de la reacción SGM Plus™.

Los conocimientos y las posibilidades tecnológicas actuales, han posibilitado el desarrollo de numerosos miniSTRs no incluidos en el CODIS, con tamaños entre 50-150 pb y separados al menos en 50 Mb, para asegurar su herencia Mendeliana independiente. La heterocigosidad de estos loci miniSTRs es comparable a la de los 13 STRs del CODIS, con la excepción de 5 loci miniSTRs que a pesar de presentar un poder de discriminación menor, pueden resultar de interés por su reducido tamaño de amplificado, por lo que estos nuevos loci miniSTRs podrían constituir un complemento útil a los STRs del CODIS en el análisis de muestras altamente degradado [361].

Por tanto, actualmente es posible disponer de gran parte de la información necesaria para la elección de loci miniSTRs de mayor interés que los incluidos en las actuales bases de datos, así como de herramientas bioinformáticas para la búsqueda de nuevos loci miniSTRs para ampliar así el abanico de loci STRs de interés en análisis forense.

Es necesario considerar que el análisis de miniSTRs tetranucleotídicos presenta el límite de tamaño mínimo de aproximadamente 50 pb, correspondientes a loci con reducido número de unidades de repetición y cuyas regiones flanqueantes sean adecuadas para el diseño de cebadores que hibriden directamente con el inicio de la repetición STR. Por tanto, mientras algunos de estos loci presentan tamaños muy reducidos, otros como FGA, no son susceptibles de tal reducción de tamaño debido al amplio número de alelos y/o a la naturaleza repetitiva de la secuencia flanqueante al loci STR que impide el diseño de cebadores próximos a las unidades de repetición. Por lo que, en cuanto a la naturaleza de las miniSTRs multiplexes actuales, cabe decir que al estar basadas en la *5-dye chemistry* y principalmente en el análisis de repeticiones tetranucleotídicas, presentan la limitación física de análisis de un máximo 8-12 loci miniSTRs en fragmentos menores de 200pb.

Por otra parte, aunque la utilización de cierto número de cebadores marcados con biotina aumenta la cantidad de loci miniSTRs genotipados en una única reacción, esta es una estrategia que pese a ser efectiva en teoría, no ha sido incluida en las nuevas STRs multiplexes destinadas a la mejora del análisis a partir de extractos de ADN altamente degradados. En base a lo expuesto anteriormente, puede afirmase que el análisis mediante tecnología miniSTR de la totalidad de los loci incluidos en las actuales bases de datos, así como el de los loci recomendados y aquéllos que puedan incluirse en el futuro, requiere del uso combinado de al menos 2 reacciones multiplex cuyo diseño haya sido cuidadosamente planificado.

El devenir de las nuevas estrategias probablemente se encaminará a la obtención de perfiles genéticos de entre 18-21 loci, bien sea mediante una única reacción multiplex que incluya también mini-, midi- y maxiSTRs destinada al análisis de ADN no fragmentado, o bien mediante el uso combinado de 2 reacciones multiplexes compuestas por loci en formato mini- y midiSTRs, que posibiliten el análisis de ADN altamente fragmentado. Los perfiles genéticos obtenidos de ambas formas, alcanzarán una probabilidad de coincidencia suficiente para la resolución de gran parte de las identificaciones y parentescos complejos.

Es posible aumentar el número de loci STRs analizados en una única reacción respecto a los 16-17 loci de las reacciones habituales [72,83,270,362] como lo demuestra el reciente desarrollo de una STR multiplex de 26 loci STRs no incluidos en el CODIS [50]. El principal beneficio del analizar la totalidad de los loci incluidos en las diferentes bases de datos en una única reacción multiplex, es la creación a medio plazo de una única base de datos mundial de perfiles genéticos. Al igual que la creación de la ECL, la creación de la base de datos mundial fomentaría iniciativas como la firma del Tratado de Prüm, destinadas a promover la cooperación internacional y el intercambio de datos e información.

Del mismo modo, la aplicación de la tecnología miniSTR a loci STRs de los cromosomas sexuales, puede ser de gran interés en la resolución de parentescos complejos en los que no se disponga de familiares directos y en identificaciones complicadas, a partir de muestras de ADN altamente degradado, como demuestra el desarrollo de STRs multiplexes del cromosoma Y [363] así como del cromosoma X [364,365].

VENTAJAS DE LA APLICACIÓN DE LA TECNOLOGÍA DHPLC EN LA OPTIMIZACIÓN DE CONJUNTOS DE CEBADORES PARA LA CONSTRUCCIÓN DE STRS MULTIPLEXES

El procedimiento habitual en la optimización de un conjunto de cebadores consiste en el análisis de amplicones marcados mediante un secuenciador de ADN, tanto por separado, como en multiplex [345]. El principal inconveniente de esta metodología es que requiere del marcaje fluorescente de cada pareja de cebadores que sea evaluada, lo que encarece el coste de la optimización, y conlleva limitaciones en el número de parejas de cebadores a ensayar. Sin embargo, durante la optimización de los conjuntos de cebadores que componen las reacciones I-DNA1 y I-DNA2, se ha utilizado una metodología basada en la tecnología DHPLC, desarrollada en el presente trabajo de texto para evaluar la intensidad de los amplificados y determinar la ausencia de amplificaciones inespecíficas, tal y como se recoge en los estudios 3 y 4 [358,359]. La ventaja de la utilización del análisis mediante DHPLC es que evita la necesidad del marcaje previo de los cebadores y que su tiempo de análisis de aproximadamente 10 minutos, es menor que los 30 minutos requeridos en la electroforesis capilar. Esta metodología se ha empleado tanto en la primera fase de optimización de los productos de PCR por separado, como en la segunda fase de optimización de diferentes reacciones multiplex con el fin adicional de evaluar la ausencia de solapamiento de tamaño de los productos de PCR. Una vez determinado el mejor conjunto de cebadores para la amplificación multiplex de los 15 y 12 loci de I-DNA1 y I-DNA2 respectivamente, se marcaron los cebadores mediante fluorocromos. De esta manera, se han marcado únicamente aquellos cebadores que finalmente han sido incluidos en las reacciones denominadas I-DNA1 y I-DNA2 [358,359]. Por lo tanto, el empleo de la tecnología DHPLC en la optimización de la amplificación de las reacciones multiplex supone una alternativa rápida [349] y de reducido coste al análisis de amplicones mediante secuenciador de ADN, ya que evita la necesidad de utilizar cebadores marcados en las primeras fases de la optimización [347]. Como consecuencia de este novedoso procedimiento, I-DNA1 y I-DNA2 se caracterizan por un elevado equilibrio entre la intensidad de los diferentes loci, así como por una concentración de cebadores netamente inferior a otras reacciones multiplex, lo que redunda en la calidad de los perfiles de STRs obtenidos [358,359].

CONCORDANCIA

La fiabilidad de los perfiles genéticos proporcionados por una STR multiplex, se determina mediante estudios de concordancia con los perfiles genéticos determinados por sistemas preexistentes ampliamente utilizados. Esto se debe a que diferentes STRs multiplexes analizan loci STRs incluidos en las principales bases de datos de ADN, mediante parejas de cebadores que se unen a secuencias conservadas de las regiones flanqueantes de estos loci STRs. Sin embargo, se han descrito polimorfismos en estas posiciones que pueden coincidir con la región de unión del extremo 3´ de uno de los cebadores e interferir en la unión de los mismos. Como resultado se observa una falsa homocigosidad debido a una pérdida alélica [366,367]. También, pueden originarse diferencias en cuanto al tamaño del alelo reportado, a causa de inserciones y/o deleciones en la región flanqueante a la repetición STR que queden fuera de la región acotada una de las pareja de cebadores [269].
Ambos tipos de discordancias son habituales entre reacciones multiplex que incluyen diferentes parejas de cebadores para un mismo locus STR. Los estudios de concordancia entre los perfiles genéticos obtenidos mediante SGM™ y Powerplex® 16, Minifiler™ e Identifiler®, han revelado respectivamente, una concordancia de 99,9 % [60], 99,7 % [218] entre los sistemas comparados. Así mismo, PowerPlex® ESX y ESI, han revelado una concordancia desde el 99,6 % al 99,9 %, tanto entre sí como respecto a diferentes STRs multiplexes [270]. Por otro lado, SGM™, presenta una concordancia del 100% respecto a Identifiler® [218] y NGM™, debido a que los tres sistemas incluyen idénticos parejas de cebadores para el análisis de los 10 loci STRs incluidos en la ECL.

Tanto I-DNA1 como I-DNA2 han mostrado una elevada fiabilidad, comprobada mediante estudios de concordancia entre los perfiles genéticos determinados por estos sistemas y los obtenidos mediante Identifiler® que es uno de los sistemas más ampliamente utilizados [358,359]. Se constató una concordancia del 99,9 % entre I-DNA1 e Identifiler®, donde la única excepción se detectó en un individuo, genotipado como homocigoto por Identifiler® y como heterocigoto por I-DNA1 [358]. Así mismo, se constató la concordancia del 100 % de I-DNA2 respecto a Identifiler® y del 99,9 % respecto a I-DNA1 [359]. Al igual que las discordancias reportadas en estudios similares, las detectadas entre I-DNA1 y I-DNA2 consistieron en pérdidas alélicas [366,367] y variaciones de 2-4 pb en el tamaño de los alelos genotipados [60].

Estas discordancias pueden dar lugar a errores, principalmente debidos a falsas exclusiones, al comparar perfiles genéticos obtenidos mediante diferentes STRs multiplexes, con los millones previamente almacenados en las bases de datos nacionales e internacionales. En los casos en los que se produzcan discordancias entre los perfiles genéticos correspondientes a un mismo individuo, habitualmente fallará solo un locus, aunque se ha reportado la presencia de dos alelos silentes en un mismo individuo [60]. La búsqueda en las bases de datos se hace permitiendo un *mismatch*, por tanto, en perfiles completos es poco importante. Sin embargo, el problema puede ser mayor al comparar perfiles incompletos como los obtenidos tras el análisis de muestras de ADN altamente degradado.

Así, el conocimiento de los polimorfismos en regiones flanqueantes es de vital importancia en el diseño de nuevas STRs multiplexes que pretenden evitar las discordancias con sistemas preexistentes [321]. El principal inconveniente de STRs multiplexes tales como Identifiler® y NGM™, es que al incluir idénticas parejas de cebadores que SGM™, en el análisis de ADN altamente degradado proporcionan perfiles genéticos incompletos en los que no se logra analizar los loci STRs de mayor tamaño y en consecuencia, no es posible comparar estos perfiles con la totalidad de los loci incluidos en la ECL. El estudio de los polimorfismos en regiones adyacentes a loci STRs, permitirá el desarrollo de STRs multiplexes de elevada concordancia con los sistemas preexistentes y al mismo tiempo mejorará el análisis de muestras de ADN altamente degradado mediante amplicones mini-y midiSTRs.

SENSIBILIDAD DE LAS STRs MULTIPLEXES

Los extractos de ADN analizados en laboratorios forenses se caracterizan frecuentemente por contener cantidades muy reducidas de ADN, lo que dificulta la obtención de perfiles genéticos con elevada probabilidad de identidad tras su análisis mediante un sistema STR multiplex. Por lo tanto, la sensibilidad de una STR multiplex es determinante en la obtención de perfiles genéticos a partir de cantidades escasas de ADN [52]. La cantidad de ADN molde óptima para la mayor parte de las STRs multiplexes validadas es de 1 ng, ya que el uso de una cantidad menor puede reducir la fiabilidad del análisis.

En la actualidad, el sistema más ampliamente utilizado en el análisis de ADN de muestras altamente degradado es Minifiler™, que amplifica 9 loci a partir de cantidades de ADN de 125 pg, mientras que por debajo de 100 pg suele ofrecer perfiles incompletos [85]. Otros sistemas multiplex de amplia utilización como *genRES*MPX-3, Profiler Plus™ y Cofiler™ requieren de cantidades de ADN molde de 120 pg [72] el primero y 160 pg el segundo y tercero [84].

Por otro lado, sistemas multiplex que incluyen al menos los 13 loci STRs del CODIS, requieren cantidades de 250 pg para la obtención de perfiles completos [49,83] y NGM™, requiere de 125 pg de ADN molde. Recientemente, el uso de "*turbo-charged engines*", basado en un nuevo *master mix* y marcajes fluorescentes cuya sensibilidad ha sido mejorada, ha permitido aumentar la sensibilidad de dichas reacciones desde 250 pg a 62,5 pg. Esta nueva tecnología también ha sido aplicada en las nuevas reacciones PowerPlex® ESX y ESI, que requieren de cantidades superiores a 60 pg para la obtención de perfiles completos [270].

Sensibilidad de nuestras STRs multiplexes

I-DNA1 permite la amplificación de 14 marcadores STR más amelogenina a partir de cantidades de ADN de 100 pg, e incluso posibilita el análisis de 12 loci en muestras con cantidades de ADN en el rango de 25 a 100 pg [358]. Así mismo, I-DNA2, diseñada para formar junto a I-DNA1 la combinación I-DNADuo, permite la obtención de perfiles completos de 11 loci STRs más amelogenina, a partir de cantidades de ADN de 100 pg [359].

I-DNA1 y I-DNA2 ofrecen una sensibilidad capaz de obtener perfiles genéticos completos a partir de cantidades superiores a 100 pg de ADN, 25 pg menos de ADN molde que el requerido para Minifiler^{TM} [345]. Así mismo, es probable que la aplicación de "*turbo-charged engines*", a I-DNA1 y I-DNA2 permita alcanzar una sensibilidad similar e incluso superior a la de las nuevas multiplexes.

Cabe señalar también que el uso de una única reacción, bien I-DNA1 ó I-DNA2, a partir de cantidades de 50 pg de ADN, posibilita la amplificación de 11 u 8 loci STRs más amelogenina, respectivamente. I-DNADuo se ha mostrado más eficaz en el análisis de cantidades escasas de ADN, que la utilización de una única STR multiplex. Así pues, el análisis I-DNADuo a partir de 50 pg de ADN, permite la obtención de perfiles genéticos de 13 loci STRs y amelogenina, de los cuales D13S317, vWA y amelogenina se genotipan por duplicado [359].

Avances en cuanto a la cantidad mínima de ADN requerido mediante genotipado LCN

La progresiva mejora de la sensibilidad en el análisis de ADN extremadamente degradado y escaso (LCN, *Low Copy Number*) se ha debido también al elevado rendimiento del genotipado LCN y a los avances de los métodos utilizados en los analizadores automáticos de ADN basados en electroforesis capilar, tales como el aumento del voltaje y del tiempo de inyección [222].

El genotipado de bajo número de copias ha sido definido como el análisis de cualquier muestra de ADN, cuyos resultados no sobrepasan el umbral estocástico, que garantiza una amplificación equivalente entre los picos de un heterocigoto y en consecuencia una interpretación fiable. En términos de cantidad de ADN se refiere al análisis de menos de 200 pg de ADN molde [249,250].

El estudio colaborativo coordinado por EDNAP en 2006, comparó la efectividad del genotipado LCN, así como las tecnologías miniSTR y SNP en el análisis de muestras de ADN altamente degradado. El genotipado LCN permitió amplificar el mayor número de loci STRs entre todas las técnicas comparadas, sin embargo los perfiles obtenidos mostraron un pobre balance alélico y una mayor probabilidad de pérdidas alélicas, aspectos que comprometen en gran medida la interpretación de los perfiles genéticos. Las miniSTRs multiplexes ofrecieron el mayor porcentaje de éxito en cuanto a genotipos completos, debido en parte al menor número de loci analizados, al reducido tamaño de los amplicones y a los 32 ciclos de PCR empleados, intermedios entre el genotipado convencional y el genotipado LCN. Así mismo, se pudo constatar que el análisis de SNPs presentaba el menor porcentaje de éxito entre las técnicas ensayadas.

Es importante remarcar que el genotipado LCN no muestra la misma fiabilidad que el genotipado convencional y que su aplicación conlleva un mayor riesgo de error y de contaminación. Todo ello es debido a que los perfiles LCN habitualmente no son reproducibles [52], por lo que la fiabilidad del genotipado LCN se basa en la realización de varias réplicas [255] y en la incorporación a la tabla de resultados de los alelos que hayan sido registrados al menos dos veces [52].

El principal inconveniente de las combinaciones de reacciones disponibles en la actualidad respecto al genotipado LCN, es el reducido número de loci que comparten, en formato mini- o midiSTR. Minifiler^{TM} combinado con NGM^{TM} permite la amplificación por duplicado de 2 loci en formato midiSTR, mientras que combinado con Identifiler® amplia a 4 el número de loci analizados por duplicado en formato midiSTR. Ambas combinaciones permiten únicamente el genotipado por duplicado de amelogenina en fragmentos que no superen las 200 pb.

Por otro lado, la combinación de PowerPlex® ESX y ESI, posibilita el análisis por duplicado de un mayor número de loci a partir de fragmentos que no superen las 300 pb, un total de 9 de los cuales 6 están incluidos en el CODIS y 7 en la ECL, así como de 4 loci en formato miniSTR, todos ellos incluidos en el CODIS y en la ECL [270].

En comparación con estos sistemas multiplexes combinados, I-DNADuo, permite confirmar por duplicado el perfil genético obtenido mediante amplicones que no superen las 300 pb, al analizar 10 loci STRs más amelogenina por duplicado, todos ellos incluidos en el CODIS y 6 también en la ECL [359]. Esta cualidad es de especial interés en el análisis de muestras de ADN altamente degradado y en el genotipado LCN, donde los perfiles pueden presentar una reducida fiabilidad debido a la escasa altura de los picos obtenidos. Así mismo, esta combinación de reacciones ha sido específicamente diseñada para posibilitar la amplificación por duplicado de 5 loci en formato miniSTR incluidos en el CODIS y 2 también en la ECL [359].

Por tanto, la elevada sensibilidad y el alto número de loci midiSTRs y miniSTRs que analiza por duplicado, convierten a I-DNADuo en una herramienta altamente eficaz para la confirmación de perfiles genéticos obtenidos mediante genotipado LCN, y en especial a partir de muestras cuyos fragmentos no superen las 300 pb e incluso las 200 pb [359].

Así pues, las estrategias de diseño para el desarrollo de nuevas combinaciones de STRs multiplexes que permiten analizar por duplicado un elevado número de loci principalmente en formato mini- y midiSTRs, y al mismo tiempo presentan tamaños de amplificado lo más diferentes posible entre una reacción y otra, son altamente eficaces. Este es el caso de I-DNADuo, la combinación de PowerPlex® ESX con ESI y en menor medida en el uso combinado de Minifiler™ con Identifiler® ó con NGM™.

Características de las condiciones de PCR de nuestras STRs multiplexes en relación al futuro genotipado LCN

Las validaciones de I-DNA1 y I-DNA2 de acuerdo con la SGWDAM (*Scientific Working Group on DNA Analysis Methods*) [368], han perseguido aquellas condiciones experimentales en las que ambas reacciones ofrezcan un equilibrio óptimo entre fiabilidad, sensibilidad, robustez y balance de todos los marcadores [358,359]. Tanto I-DNA1 como I-DNA2 ofrecen óptimos resultados en un amplio rango de condiciones experimentales en cuanto al número de ciclos (28 - 32 ciclos) y temperaturas de hibridación de cebadores (57 - 63 ºC). Así mismo cabe señalar que las concentraciones de cebadores utilizadas en I-DNA1 y I-DNA2, entre 0.04 - 0.38 µM y 0.05 - 0.15 µM, respectivamente, son inferiores a las reportadas para sistemas como la STR multiplex recientemente desarrollada por Hill et. al para la amplificación de 26 loci (0.75 - 5 µM) [89].

Por tanto, es posible que mediante genotipado LCN y/o el incremento en la concentración de cebadores, ambas reacciones puedan ofrecer mejoras en cuanto a sensibilidad en el análisis de cantidades muy reducidas de ADN, a pesar de los inconvenientes característicos del genotipado LCN tales como desbalance entre ambos alelos que deriven incluso en la pérdida completa de uno de ellos y la presencia de elevados porcentajes de alelos tartamudos [248].

Cabe señalar que mediante separación celular por láser y a partir de ADN no degradado, se ha logrado obtener un perfil de 15 loci STRs y amelogenina incluso a partir de una sola copia de ADN molde debido a que la baja contaminación del ADN permite que las STRs multiplexes ofrezcan su máxima sensibilidad. Ello pone de manifiesto que, es posible que la tecnología basada en el análisis de loci STRs se encuentre cercana al límite de sensibilidad en cuanto al número mínimo de copias de ADN para la obtención de un perfil de STRs.

Sin embargo, en los análisis realizados a partir de ADN degradado en ocasiones puede disponerse de una cantidad de ADN en teoría suficiente, y aún así que no contenga ni siquiera una copia íntegra de tamaño suficiente para la obtención de perfiles genéticos completos mediante STRs multiplexes convencionales. Por lo tanto y puesto que hasta la fecha no se han desarrollado herramientas eficaces para la reversión de la fragmentación del ADN, los sistemas de identificación humana han de basarse obligatoriamente en el análisis de pequeños fragmentos de los extractos de ADN altamente degradados.

PERFILES DE STRS EN MEZCLAS DE MUESTRAS DE ADN DEGRADADO

Las muestras forenses pueden estar formadas por la mezcla de ADN de diferente origen, como ocurre frecuentemente en los delitos de carácter sexual [63]. Este hecho es especialmente problemático en el caso de muestras de ADN altamente degradas, donde el tamaño y la cantidad de ADN complican la obtención de perfiles completos. Además, estos perfiles se caracterizan por la presencia de efectos estocásticos que producen un desbalance en la amplificación de heterocigotos y disminuyen la homogeneidad en el rendimiento de la amplificación de diferentes loci a partir de un determinado ADN molde, lo que dificulta la asignación de perfiles individuales y en mayor medida la determinación de la proporción en la que se encuentran en la muestra. Por todo ello resulta comprensible que el genotipado LCN no haya sido validado para el análisis de mezclas de ADN [52].

La sensibilidad en el análisis de mezclas de una STR multiplex constituye un factor importante de su capacidad analítica y su estimación requiere valorar parámetros tales como el porcentaje de alelos tartamudos y el balance en la amplificación de heterocigotos [369]. Un porcentaje de de alelos tartamudos elevado puede conducir a equívocos en la interpretación de mezclas al confundirse con el contribuyente minoritario, la variabilidad en el porcentaje de alelos tartamudos entre diferentes muestras puede afectar al rendimiento en la resolución de mezclas [73], mientras que el balance en la amplificación de heterocigotos es de vital importancia en la determinación de los perfiles individuales que componen la mezcla.

Los porcentajes de alelos tartamudos obtenidos con I-DNA1 y I-DNA2 presentaron valores intermedios respecto a otras STRs multiplexes como Minifiler™ [85] y *genRES*MPX-3 [72]. Así mismo, la mayor parte de los loci compartidos por las dos reacciones desarrolladas en el presente trabajo de texto mostraron valores similares de porcentaje de alelos tartamudos. En conjunto, los bajos porcentajes de alelos tartamudos de I-DNA1 y I-DNA2, no son obstáculo para el correcto genotipado de muestras en general y en la interpretación de mezclas en particular [358,359].

En cuanto al balance en la amplificación de heterocigotos, se han observado valores comprendidos entre 86 % - 88 %, para I-DNA1, I-DNA2, Minifiler™ e Identifiler®, y en cuanto a la homogeneidad en los diferentes marcadores, I-DNA1 y I-DNA2 han mostrado valores de desviación media estándar similares entre sí e inferiores a Minifiler™ (9.95, frente a 9.65 y 33.47 [85], respectivamente). No se ha podido realizar la comparación con Identifiler® porque no se han reportado datos de desviación estándar [358,359].

Por lo tanto según el porcentaje de alelos tartamudos, el balance en la amplificación de heterocigotos y los resultados obtenidos en los ensayos de mezclas, puede concluirse que en mezclas de dos contribuyentes, I-DNA1 y I-DNA2 permiten la detección de un contribuyente minoritario en una proporción comprendida entre 1:7 - 1:10, valores similares a los reportados para Minifiler™ [85,358,359]. Este umbral de detección depende a su vez del número de contribuyentes, de la cantidad de ADN total presente en la mezcla y del perfil genético de los mismos [72], pudiéndose ampliar el límite de detección del contribuyente minoritario en I-DNA1 y I-DNA2 hasta 1:20, en aquellos casos en los que los que los genotipos de los contribuyentes sean diferentes para TPOX y TH01 [358,359].

Así mismo, I-DNA2 presenta en los loci FGA, D13S317 y D7S820 una mayor capacidad de análisis de mezclas que I-DNA1, mientras que ésta es inferior en los loci vWA, D21S11 y D5S818, por lo que I-DNA1, I-DNA2 y en especial la combinación de ambos en I-DNADuo, presentan características adecuadas tanto para la determinación de los genotipos que componen una mezcla, como para estimar la proporción en la que éstos se encuentran [359].

Consideraciones de futuras STRs multiplexes para una mayor sensibilidad en el análisis de mezclas

El incremento de la sensibilidad en el análisis de mezclas a partir de muestras de ADN altamente degradado, caracterizadas por presentar elevados porcentajes de alelos tartamudos y un desbalance en la amplificación de heterocigotos, requiere el desarrollo de STRs multiplexes que permitan reducir en la medida de lo posible estos inconvenientes [73].

En este sentido, la utilización de STRs pentanucleotídicos como Penta E y Penta D, pueden ser de gran interés en el análisis de mezclas al presentar porcentajes de alelos tartamudos de aproximadamente en 1 % [76], netamente inferiores a los de STRs tetranucleotídicos [56]. Así mismo, la utilización de loci STR con unidades de repetición imperfectas son menos susceptibles al deslizamiento de la polimerasa y por tanto presentan reducidos porcentajes de alelos tartamudos, como TH01 [45] o VWA [75]. Por otro lado, entre los alelos de un mismo locus STR, los de menor tamaño presentan menor porcentaje de alelos tartamudos [58], tal y como se observa en los bajos valores de alelos tartamudos obtenidos en las validaciones de I-DNA1 y I-DNA2 para los loci TH01 y TPOX [358,359].

El balance en la amplificación de heterocigotos depende a su vez, del rango alélico de los loci y del grado de degradación del ADN analizado [58], por lo que se recomienda el desarrollo de parejas de cebadores que permitan el análisis de loci en formato miniSTR del menor tamaño posible. Las parejas de cebadores diseñadas en el presente trabajo de texto para la amplificación de TPOX y TH01 y finalmente incluidos tanto en I-DNA1 como en I-DNA2, han permitido la detección de un contribuyente minoritario en una proporción de 1:20, por lo que se recomienda su uso en la interpretación de mezclas a partir de muestras de ADN altamente degradado [358,359].

Sin embargo, estos loci y en especial TPOX debido a su limitado poder de discriminación, presentan una elevada probabilidad de coincidencia entre los genotipos de los contribuyentes de una mezcla, por lo que en el análisis de ADN no degradado otros loci tales como Penta E y Penta D, de mayor tamaño y reducido porcentaje de alelos tartamudos, obtienen un mayor poder de discriminación. Así mismo, miniSTRs como los desarrollados recientemente [361], o aquellos presentes en NGM™ [51] y PowerPlex® ESX [270], pueden ser de gran interés en el análisis de mezclas a partir de ADN altamente degradado.

En conclusión, los resultados obtenidos en las respectivas validaciones de I-DNA1, I-DNA2 y I-DNADuo de acuerdo con la SGWDAM [368], así como la comparación con las principales STRs multiplexes de características tales como la estrategia de diseño, la capacidad de análisis de ADN altamente fragmentado, la sensibilidad y la capacidad de análisis de mezclas, sugieren que las STRs multiplexes desarrolladas en el presente trabajo de texto y en especial la combinación de ambas en I-DNADuo, presenta características óptimas para su uso en identificación humana. Así mismo, estas reacciones constituyen una mejora respecto a las herramientas moleculares disponibles hasta la fecha, en cuanto a rendimiento y fiabilidad en análisis de loci STRs incluidos en el CODIS a partir de muestras de ADN altamente degradado [358,359].

SNPS EN REGIONES FLANQUEANTES A LOCI STRS

Los polimorfismos en regiones flanqueantes a loci STRs pueden detectarse entre otros métodos, mediante la utilización de STRs multiplexes con diferentes parejas de cebadores para el análisis de idénticos loci STRs, así como mediante la observación de desviación de la herencia mendeliana en un estudio de parentesco. En este caso, el progenitor y su descendencia aparecen como homocigotos diferentes en un mismo locus, lo que puede interpretarse como la transmisión de un alelo nulo [370]. Así mismo, el desbalance en la amplificación de heterocigotos, puede indicar la presencia de uno de estos polimorfismos [218].

La principal ventaja del uso combinado de STRs multiplexes es que proporciona la oportunidad de realizar estudios de concordancia puesto que ambos tipos de STRs multiplexes son utilizadas en paralelo y la comparación de los resultados obtenidos para un mismo locus STR puede mostrar discordancias debido a la utilización de diferentes parejas de cebadores [218,269,320].

En este sentido, la combinación I-DNADuo permite la amplificación por duplicado de 10 loci STR más amelogenina. Dos de estos loci STRs utilizan parejas de cebadores idénticas (TH01 y TPOX), lo que asegura la obtención del mismo genotipo mediante el análisis por ambos sistemas. El resto de los loci STRs compartidos presentan secuencias de cebadores parcial o totalmente diferentes, lo que proporciona la oportunidad de realizar estudios de concordancia [60]. A su vez, el uso de dos reacciones sobre la misma muestra actúa como control con el fin de evitar errores por confusión entre muestras, asignaciones incorrectas del *size standard* o por discordancias en el genotipado debidas a la comparación de perfiles genéticos provenientes de diferentes STRs multiplexes [60,359].

Como se ha comentado en el apartado titulado "Otros SNPs de interés forense", los estudios publicados hasta el momento sobre el descubrimiento de polimorfismos en las regiones flanqueantes a STRs, están principalmente orientados a explicar las discordancias existentes en el genotipado de STRs mediante diferentes sistemas [218,269], así como a evitar el diseño de futuros cebadores en posiciones ocupadas por SNPs [60].

Ahora bien, hasta la fecha no se han realizado estudios sistemáticos de las regiones flanqueantes a los loci STR utilizados en Genética Forense, con excepción del locus vWA [322]. Se trata por tanto, de una línea de investigación de gran importancia, si consideramos las consecuencias medicolegales que acompañan al genotipado de STRs en Genética Forense [259,268].

Gran parte de los esfuerzos realizados en esta línea de investigación, se han basado en el análisis por secuenciación directa (AAS) de aquellas muestras que presentaron discordancias por diferentes sistemas, o en determinados casos de parentesco en los que se observaba un número reducido de exclusiones entre padre e hijo, para así de esta manera poder confirmar dichas exclusiones [371]. No obstante, mediante pirosecuenciación se han comenzado a desarrollar métodos de genotipado de loci STRs [228] que permiten simultáneamente revelar inserciones, deleciones y SNPs en la región repetitiva y en las regiones flanqueantes de loci STRs [339].

El método ideal para la detección de SNPs debe poseer elevada sensibilidad y especificidad, así como cierto nivel de automatización que posibilite un alto rendimiento [372]. El AAS por electroforesis capilar, se considera el estándar idóneo para la detección de SNPs [373], y continúa siendo la tecnología más utilizada, tanto para el análisis de loci STRs, como para la determinación de la secuencia de largas cadenas de ADN, debido a que en los últimos años se han producido importantes mejoras en esta tecnología, tales como la introducción de ddNTPs marcados fluorescentemente [325], el desarrollo de la electroforesis capilar automática [327], el remplazo automático de polímero [329] y la corrección del efecto de reptado [332] permitiéndose así la secuenciación de fragmentos más allá de las 1000 pb [333].

No obstante, el AAS puede ser más eficiente en la detección de SNPs si se combina con métodos de detección previa de mutaciones, que identifiquen aquellas muestras cuya secuenciación directa pueda resultar de interés [374].

El estudio comparativo de técnicas utilizadas para este propósito, demostró que la tecnología DHPLC ofrece una sensibilidad y especificidad superior a otras técnicas mas ampliamente utilizadas [374], tales como el análisis conformacional de cadena sencilla (*Single-Strand Conformation Polymorphism*, SSCP), el escaneo de genes bidimensional, *Conformation-Sensitive Gel Electrophoresis* (CSGE), el Test de Proteínas Truncadas (TPT) y de micronúcleos (TMN). En el caso concreto de su comparación con SSCP [375] la DHPLC demostró también elevada utilidad en el análisis rápido de nuevos amplicones.

El coste por análisis es un factor importante en la búsqueda de mutaciones, ya que hay que contemplar el estudio de un gran número de muestras. Mientras el AAS supone un elevado coste en tiempo y dinero [376], SSCP, electroforesis en gel de gradiente desnaturalizante (DGGE) y PTT que resultan más económicas, aunque su rendimiento depende en gran medida de la experiencia del investigador. Como contraposición a esto, la tecnología DHPLC es una alternativa rápida y económica a la secuenciación directa, que además debido a su elevado grado de automatización evita los inconvenientes de otras técnicas [340], por lo que presenta las características adecuadas para la búsqueda detección de SNPs en regiones flanqueantes a loci STRs.

En este sentido, los autores de esta obra han colaborado en el desarrollo de una metodología especialmente adecuada para el análisis combinado de SNPs en regiones flanqueantes a loci STRs y de estos STRs (SNPSTRs) mediante el binomio DHPLC-AAS, cuya aplicación tiene además interés en la resolución de parentescos complejos [377]. El análisis de haplotipos de estos SNPSTRs, sin recombinación entre ellos, ofrece una interesante aplicación en la dificultad añadida que presenta la resolución de parentescos complejos, en los que se encuentren un número reducido de discordancias entre el padre y el hijo [371]. Los SNPs al ser más estables que los STRs [378] pueden ayudar a distinguir entre discordancias en STRs padre - hijo debidas a mutaciones producidas en la meiosis [183] y aquéllas indicativas de la falta de parentesco entre los individuos comparados.

El estudio anteriormente referido presenta también el trinomio DHPLC-AAS-ER, en la determinación de la fase gamética de los individuos SNPSTRs doble heterocigotos. El uso de este trinomio permite establecer la ausencia de ligamiento preferencial entre alelos SNPs con alelos de loci STRs físicamente ligados, y puede aplicarse directamente en aquellos casos particulares de diagnóstico complejo de parentesco [379].

Así mismo el estudio presenta la investigación del primer SNPSTR con fines forenses, compuesto por el SNP rs59186128 ligado al locus STR D7S820 en muestras poblacionales de diverso origen étnico: caucasoides - europeos residentes en la Comunidad Autónoma Vasca (España), hispanos de Ecuador y Colombia y afroamericanos procedentes también de estos países. De los resultados obtenidos se desprende la falta de ligamiento preferencial entre los dos loci analizados, por lo que el SNPSTR rs59186128_D7S820 constituye un ejemplo del interés que las combinaciones SNPSTRs pueden tener en Genética Forense [379].

El artículo referido también señala la necesidad de determinación de las frecuencias alélicas de estos SNPs en diferentes grupos poblacionales para la aplicación de SNPSTRs [379] y para incrementar el conocimiento sobre la estructura de las poblaciones y sus mezclas recientes [355]. Así mismo, el estudio del tiempo de divergencia tanto entre diferentes SNPs, como entre estos y el STR al que flanquean puede resultar de ayuda en estudios evolutivos [378].

En síntexto DHPLC-AAS es una tecnología coste-tiempo eficaz y altamente reproducible para determinar de forma directa y sencilla las frecuencias de SNPs de regiones flanqueantes en distintos grupos poblacionales, así como para la búsqueda de nuevas posiciones polimórficas. De esta forma, el análisis por DHPLC posibilita la selección de aquellos SNPSTRs que alcanzan altas heterocigosidades en distintas poblaciones y que por tanto son de utilidad para discriminar, si la falta de coincidencia entre alelos de STRs ocurre por azar o por descendencia. Del mismo modo, el trinomio DHPLC-AAS-ER se muestra eficaz en la determinación de la fase gamética de los individuos doble heterocigotos para SNPSTRs y en consecuencia es de gran utilidad en su aplicación directa en la resolución de diagnósticos de parentesco complejos [365,366].

La complejidad del diseño de análisis por DHPLC

No obstante, la sensibilidad y rapidez de la tecnología DHPLC, depende de métodos de análisis específicos para cada amplicón, cuyo diseño puede resultar complejo debido al elevado número de parámetros a considerar, tales como la localización y frecuencia de SNPs previamente descritos en esas regiones, el tamaño del amplicón, los "dominios de *melting*" (DM) la temperatura o rango de temperaturas óptimas para el análisis [365].

Perspectivas futuras de SNPs e INDELs en el análisis de muestras de ADN altamente degradadas

Los SNPs de regiones flanqueantes de loci STRs parecen ser regiones del genoma prometedoras para el análisis de muestras de ADN altamente degradadas, debido a su abundancia [262], su facilidad para ser integrados en procesos automatizados de alto rendimiento [261], su baja tasa de mutación y en especial, el reducido tamaño del ADN requerido para su análisis (60-80 pb).

Recientemente se han llevado a cabo importantes avances en la tecnología basada en el genotipado de SNPs, en especial en relación las plataformas de mapeo preciso (*fine mapping*), lo que ha motivado a su vez importantes avances en el análisis forense mediante SNPs de muestras de ADN altamente degradado.

En este sentido, los métodos de genotipado de SNPs basados en la extensión de cebadores (*primer extension*), tales como SnaPShot^{TM} [380,381] y SNPstream [382], son capaces de analizar entre 12-48 SNPs y destacan por proporcionar un ruido de fondo muy bajo, debido a la elevada fiabilidad enzimática en la incorporación del nucleótido apropiado durante la extensión. Así mismo, entre los ensayos basados en cebadores aleloespecíficos se distingue la tecnología SNPlex^{TM} que posibilita el genotipado de aproximadamente 48

SNPs en multiplex [383]. Estas plataformas se caracterizan por su elevada flexibilidad, al posibilitar la selección del rendimiento en número de SNPs y tamaño muestral [384].

El consorcio SNPforID europeo, financiado por el programa EU GROWTH, desarrolló un sistema multiplex de 52 SNPs destinados al análisis forense que combina dos reacciones SBE (*Single Base Extension*) y ha sido validado tanto para su uso en muestras forenses [301], como en diagnóstico de parentesco [302]. Esta ha constituido la base para el desarrollo de un sistema multiplex de 49 SNPs, que ha sido validado y acreditado de acuerdo con la ISO 17025.

Este nuevo ensayo permite la detección de mezclas de dos contribuyentes en un ratio de 1:10, rendimiento similar al obtenido mediante STRs multiplexes [85,303]. Sin embargo, en general los SNPs resultan menos útiles que los loci STRs en el análisis de mezclas debido al carácter bialélico de la mayoría de loci SNPs empleados en Genética Forense. De hecho, habitualmente la detección de una mezcla mediante SNPs bialélicos solo puede realizarse por presencia de una heterocigosis superior a la normal, debido por ejemplo a que en una mezcla de dos contribuyentes uno de ellos es homocigoto y el otro es heterocigoto para el mismo locus [311]. En este sentido, el análisis de 16 SNPs trialélicos permite la detección de mezclas en un ratio 1:8 [305].

Por otro lado, cabe señalar que el poder de discriminación por locus de los SNPs es inferior a los STRs [385], mientras que 10-16 STRs son suficientes para la mayoría de aplicaciones forenses, se requieren entre 50-100 SNPs para lograr el mismo propósito [311]. Así pues el poder de discriminación de las SNPs multiplexes anteriormente descritas es inferior respecto a los análisis de 15 loci STRs realizados actualmente. Sin embargo el menor tamaño de amplificado empleado y la menor tasa de mutación de SNPs, las convierten en un complemento útil en el análisis de muestras de ADN altamente degradadas y en el diagnóstico de relaciones de parentesco.

En aras de aumentar el poder de discriminación del análisis en multiplex de loci SNPs, se han dirigido los esfuerzos al estudio de conjuntos de SNPs denominados bloques haplotípicos. Los bloques haplotípicos de SNPs poseen un poder de discriminación superior al de los SNP por separado. Concretamente el análisis combinado de 24 bloques haplotípicos candidatos para su uso en Genética Forense alcanza una probabilidad de coincidencia de una entre un billón (10^{-12}) en las diferentes poblaciones testadas, aún cuando algunos de los bloques sean sinténicos [304].

Todo lo anterior sugiere que el análisis de haplotipos de SNPs de regiones flanqueantes de loci STRs podría proporcionar un elevado poder de discriminación. El presente trabajo ha dado lugar al descubrimiento de cuatro posiciones polimórficas en las regiones flanqueantes de los loci STRs CSF1PO y D16S539 y tres polimorfismos en el caso del locus STR D8S1179. Hasta la fecha no han sido determinadas las frecuencias haplotípicas de estos grupos de polimorfismos necesarias para la selección de los bloques haplotípicos de SNPs de mayor utilidad en cada caso.

Al igual que los bloques haplotípicos de SNPs, el análisis en multiplex de INDELs es de gran interés en Genética Forense, principalmente en el análisis de muestras de ADN altamente degradadas donde el análisis de STRs ofrece habitualmente perfiles parciales, con poder de discriminación insuficiente [82,386,387]. El análisis de 38 INDELs en una sola reacción SBE requiere un tamaño máximo de amplificado de 160 pb [302,303,314] y proporciona una probabilidad de coincidencia de una entre cien billones y mil billones ($10^{-14} - 10^{-15}$) [272] en las poblaciones europeas, asiáticas y africanas analizadas, cercano al obtenido mediante el análisis mediante STRs multiplexes [72,82,84,85].

En el presente trabajo de texto se han descubierto cinco INDELs en regiones flanqueantes de loci STRs ss131008192, ss131008194, ss120258600, ss131008187 y ss161151651. De estos INDELs, aquellos más cercanos a las unidades de repetición STRs como ss131008192 y ss131008194, situadas respectivamente a 91 y 140 pb aguas arriba del locus STR CSF1PO, pueden estar implicadas en discordancias entre STR multiplexes por variaciones de 2-4 pb en el tamaño de los alelos genotipados [60].

Perspectivas futuras de la utilización de SNPSTRs en el análisis de muestras de ADN altamente degradadas.

Los SNPSTRs comparten las ventajas de los SNPs en cuanto al análisis de muestras de ADN altamente degradadas y además pueden constituir marcadores adecuados para el análisis de relaciones de parentesco e identificaciones de personas desaparecidas y restos biológicos no identificados, así como en la orientación de investigaciones en las que no se dispone de sospechosos ni perfiles de STRs que coincidan con los almacenados en las bases de datos [256].

La aplicación de la tecnología utilizada actualmente en las SNPs multiplexes, podría permitir el análisis simultáneo de 3-4 SNPs flanqueantes a cada uno de los 13 STRs del CODIS, e incluso de 15 STRs que comprendieran también los loci incluidos en la ECL y constituir así una herramienta de elevada utilidad en el diagnóstico de parentescos complejos y en el análisis de muestras de ADN altamente degradadas que contuvieran cantidad suficiente de ADN.

Por último, la incorporación a SNPSTRs de bloques haplotípicos de SNPs, INDELs y SNP trialélicos, podría suponer una mejora en cuanto al poder de discriminación y al análisis de mezclas a partir de muestras de ADN altamente degradadas.

VI. Bibliografía

III. BIBLIOGRAFÍA

1. Butler, J.M., *Short tandem repeat typing technologies used in human identity testing.* Biotechniques, 2007. **43**(4): p. ii-v.
2. Jeffreys, A.J., V. Wilson, and S.L. Thein, *Hypervariable 'minisatellite' regions in human DNA.* Nature, 1985. **314**(6006): p. 67-73.
3. Calabuig, J.A.G., *Medicina Legal y Toxicología, 5ª edición. Editorial Masson, S.A.ISBN 84-458-0585-1.* 1998.
4. Jayle, M.F. and P. Gillard, *[Not Available].* Bull Soc Chim Biol (Paris), 1947. **29**(1-3): p. 149-57.
5. Dausset, J., *[The Hu-1 system].* Presse Med, 1967. **75**(47): p. 2371-4.
6. Jeffreys, A.J., J.F. Brookfield, and R. Semeonoff, *Positive identification of an immigration test-case using human DNA fingerprints.* Nature, 1985. **317**(6040): p. 818-9.
7. Ellegren, H., *Microsatellites: simple sequences with complex evolution.* Nat Rev Genet, 2004. **5**(6): p. 435-45.
8. Lander, E.S., et al., *Initial sequencing and analysis of the human genome.* Nature, 2001. **409**(6822): p. 860-921.
9. Tautz, D., *Notes on the definition and nomenclature of tandemly repetitive DNA sequences.* EXS, 1993. **67**: p. 21-8.
10. Chambers, G.K. and E.S. MacAvoy, *Microsatellites: consensus and controversy.* Comp Biochem Physiol B Biochem Mol Biol, 2000. **126**(4): p. 455-76.
11. Royle, N.J., et al., *Clustering of hypervariable minisatellites in the proterminal regions of human autosomes.* Genomics, 1988. **3**(4): p. 352-60.
12. Jeffreys, A.J., V. Wilson, and S.L. Thein, *Individual-specific 'fingerprints' of human DNA.* Nature, 1985. **316**(6023): p. 76-9.
13. Jeffreys, A.J., M. Turner, and P. Debenham, *The efficiency of multilocus DNA fingerprint probes for individualization and establishment of family relationships, determined from extensive casework.* Am J Hum Genet, 1991. **48**(5): p. 824-40.
14. Gill, P. and D.J. Werrett, *Exclusion of a man charged with murder by DNA fingerprinting.* Forensic Sci Int, 1987. **35**(2-3): p. 145-8.
15. Castro, A., et al., *D1S80 locus typing by micro thermal cycler. Application to genetic identity testing.* J Forensic Sci, 1995. **40**(4): p. 546-50.
16. Nakamura, Y., et al., *Isolation and mapping of a polymorphic DNA sequence (pTHH37) on chromosome 14 [D14S16].* Nucleic Acids Res, 1988. **16**(8): p. 3593.
17. Kasai, K., Y. Nakamura, and R. White, *Amplification of a variable number of tandem repeats (VNTR) locus (pMCT118) by the polymerase chain reaction (PCR) and its application to forensic science.* J Forensic Sci, 1990. **35**(5): p. 1196-200.
18. Wong, Z., et al., *Characterization of a panel of highly variable minisatellites cloned from human DNA.* Ann Hum Genet, 1987. **51**(Pt 4): p. 269-88.
19. Jeffreys, A.J., et al., *Minisatellite repeat coding as a digital approach to DNA typing.* Nature, 1991. **354**(6350): p. 204-9.
20. Tamaki, K., et al., *Minisatellite variant repeat (MVR) mapping: analysis of 'null' repeat units at D1S8.* Hum Mol Genet, 1992. **1**(6): p. 401-6.
21. Tamaki, K., et al., *Four-state MVR-PCR: increased discrimination of digital DNA typing by simultaneous analysis of two polymorphic sites within minisatellite variant repeats at D1S8.* Hum Mol Genet, 1993. **2**(10): p. 1629-32.

22. Tamaki, K., et al., *[DNA typing and analysis of the D1S8 (MS 32) allele in the Japanese population by the minisatellite variant repeat (MVR) mapping by polymerase chain reaction (PCR) assay].* Nihon Hoigaku Zasshi, 1992. **46**(6): p. 474-82.
23. Neil, D.L. and A.J. Jeffreys, *Digital DNA typing at a second hypervariable locus by minisatellite variant repeat mapping.* Hum Mol Genet, 1993. **2**(8): p. 1129-35.
24. Huang, X.L., et al., *Analysis of allelic structures at the D7S21 (MS31A) locus in the Japanese, using minisatellite variant repeat mapping by PCR (MVR-PCR).* Ann Hum Genet, 1996. **60**(Pt 4): p. 271-9.
25. Armour, J.A., P.C. Harris, and A.J. Jeffreys, *Allelic diversity at minisatellite MS205 (D16S309): evidence for polarized variability.* Hum Mol Genet, 1993. **2**(8): p. 1137-45.
26. May, C.A., A.J. Jeffreys, and J.A. Armour, *Mutation rate heterogeneity and the generation of allele diversity at the human minisatellite MS205 (D16S309).* Hum Mol Genet, 1996. **5**(11): p. 1823-33.
27. Buard, J. and G. Vergnaud, *Complex recombination events at the hypermutable minisatellite CEB1 (D2S90).* EMBO J, 1994. **13**(13): p. 3203-10.
28. Andreassen, R. and B. Olaisen, *De novo mutations and allelic diversity at minisatellite locus D7S22 investigated by allele-specific four-state MVR-PCR analysis.* Hum Mol Genet, 1998. **7**(13): p. 2113-20.
29. cHolmlund, G. and B. Lindblom, *Different ancestor alleles: a reason for the bimodal fragment size distribution in the minisatellite D2S44 (YNH24).* Eur J Hum Genet, 1998. **6**(6): p. 597-602.
30. Tamaki, K., et al., *Extremely complex repeat shuffling during germline mutation at human minisatellite B6.7.* Hum Mol Genet, 1999. **8**(5): p. 879-88.
31. Mizukoshi, T., et al., *Allelic structures at hypervariable minisatellite B6.7 in Japanese show population specificity.* J Hum Genet, 2002. **47**(5): p. 232-8.
32. Butler, J.M., *Forensic DNA Typing: Biology, Technology, and Genetics of STR Markers.* Elsevier Academic Press, New York., 2005. . **2nd ed.** .
33. Hagelberg, E., I.C. Gray, and A.J. Jeffreys, *Identification of the skeletal remains of a murder victim by DNA analysis.* Nature, 1991. **352**(6334): p. 427-9.
34. Jeffreys, A.J., et al., *Identification of the skeletal remains of Josef Mengele by DNA analysis.* Forensic Sci Int, 1992. **56**(1): p. 65-76.
35. Bowcock, A.M., et al., *High resolution of human evolutionary trees with polymorphic microsatellites.* Nature, 1994. **368**(6470): p. 455-7.
36. Collins, J.R., et al., *An exhaustive DNA micro-satellite map of the human genome using high performance computing.* Genomics, 2003. **82**(1): p. 10-9.
37. Subramanian, S., R.K. Mishra, and L. Singh, *Genome-wide analysis of microsatellite repeats in humans: their abundance and density in specific genomic regions.* Genome Biol, 2003. **4**(2): p. R13.
38. Collins, J.E., et al., *Association of a rare thyroglobulin gene microsatellite variant with autoimmune thyroid disease.* J Clin Endocrinol Metab, 2003. **88**(10): p. 5039-42.
39. Edwards, A., et al., *DNA typing and genetic mapping with trimeric and tetrameric tandem repeats.* Am J Hum Genet, 1991. **49**(4): p. 746-56.
40. Madsen, B.E., P. Villesen, and C. Wiuf, *A periodic pattern of SNPs in the human genome.* Genome Res, 2007. **17**(10): p. 1414-9.
41. Jin, L., Y. Zhong, and R. Chakraborty, *The exact numbers of possible microsatellite motifs.* Am J Hum Genet, 1994. **55**(3): p. 582-3.

42. Urquhart, A., et al., *Variation in short tandem repeat sequences--a survey of twelve microsatellite loci for use as forensic identification markers.* Int J Legal Med, 1994. **107**(1): p. 13-20.
43. Urquhart, A., C.P. Kimpton, and P. Gill, *Sequence variability of the tetranucleotide repeat of the human beta-actin related pseudogene H-beta-Ac-psi-2 (ACTBP2) locus.* Hum Genet, 1993. **92**(6): p. 637-8.
44. Gill, P., et al., *Report of the European DNA profiling group (EDNAP)--towards standardisation of short tandem repeat (STR) loci.* Forensic Sci Int, 1994. **65**(1): p. 51-9.
45. Puers, C., et al., *Identification of repeat sequence heterogeneity at the polymorphic short tandem repeat locus HUMTH01[AATG]n and reassignment of alleles in population analysis by using a locus-specific allelic ladder.* Am J Hum Genet, 1993. **53**(4): p. 953-8.
46. Butler, J.M., *Genetics and genomics of core short tandem repeat loci used in human identity testing.* J Forensic Sci, 2006. **51**(2): p. 253-65.
47. Tamaki, K. and A.J. Jeffreys, *Human tandem repeat sequences in forensic DNA typing.* Leg Med (Tokyo), 2005. **7**(4): p. 244-50.
48. Tully, G., K.M. Sullivan, and P. Gill, *Analysis of 6 VNTR loci by 'multiplex' PCR and automated fluorescent detection.* Hum Genet, 1993. **92**(6): p. 554-62.
49. Collins, P.J., et al., *Developmental validation of a single-tube amplification of the 13 CODIS STR loci, D2S1338, D19S433, and amelogenin: the AmpFlSTR Identifiler PCR Amplification Kit.* J Forensic Sci, 2004. **49**(6): p. 1265-77.
50. Hill, C.R., J.M. Butler, and P.M. Vallone, *A 26plex autosomal STR assay to aid human identity testing*.* J Forensic Sci, 2009. **54**(5): p. 1008-15.
51. *AmpFlSTR® NGM™ PCR Amplification Kit User's Guide. Applied Biosystems. 2009.*
52. Budowle, B., A.J. Eisenberg, and A. van Daal, *Validity of low copy number typing and applications to forensic science.* Croat Med J, 2009. **50**(3): p. 207-17.
53. Saiki, R.K., et al., *Primer-directed enzymatic amplification of DNA with a thermostable DNA polymerase.* Science, 1988. **239**(4839): p. 487-91.
54. Reynolds, R., G. Sensabaugh, and E. Blake, *Analysis of genetic markers in forensic DNA samples using the polymerase chain reaction.* Anal Chem, 1991. **63**(1): p. 2-15.
55. Mullis, K.B., *Target amplification for DNA analysis by the polymerase chain reaction.* Ann Biol Clin (Paris), 1990. **48**(8): p. 579-82.
56. Butler, JM, *Forensic DNA Typing. Academic Press. ISBN 13: 978-0-12-147952-7.* 2003.
57. Gill, P., *Application of low copy number DNA profiling.* Croat Med J, 2001. **42**(3): p. 229-32.
58. Luce, C., et al., *Validation of the AMPFlSTR MiniFiler PCR amplification kit for use in forensic casework*.* J Forensic Sci, 2009. **54**(5): p. 1046-54.
59. Edwards, M.C. and R.A. Gibbs, *Multiplex PCR: advantages, development, and applications.* PCR Methods Appl, 1994. **3**(4): p. S65-75.
60. Vanderheyden, N., et al., *Identification and sequence analysis of discordant phenotypes between AmpFlSTR SGM Plus and PowerPlex 16.* Int J Legal Med, 2007. **121**(4): p. 297-301.
61. Ralph Rapley; David Whitehouse. Molecular Forensics. John Wiley & Sons, 2007. ISBN: 0-4700-2496-8

62. Rutty, G.N., A. Hopwood, and V. Tucker, *The effectiveness of protective clothing in the reduction of potential DNA contamination of the scene of crime.* Int J Legal Med, 2003. **117**(3): p. 170-4.
63. *Carracedo, A. and Lareu, M.V (1998) Proceedings from the Ninth International Symposium on Human Identification, pp. 89-107. Madison, Wisconsin: Promega Corporation.*
64. Perez-Miranda, A.M., et al., *Genetic polymorphisms at 13 STR loci in autochthonous Basques from the province of Alava (Spain).* Leg Med (Tokyo), 2005. **7**(1): p. 58-61.
65. Perez-Miranda, A.M., et al., *Allelic frequencies of 13 STR loci in autochthonous Basques from the province of Vizcaya (Spain).* Forensic Sci Int, 2005. **152**(2-3): p. 259-62.
66. Leclair, B., et al., *Enhanced kinship analysis and STR-based DNA typing for human identification in mass fatality incidents: the Swissair flight 111 disaster.* J Forensic Sci, 2004. **49**(5): p. 939-53.
67. Whitaker, J.P., et al., *Short tandem repeat typing of bodies from a mass disaster: high success rate and characteristic amplification patterns in highly degraded samples.* Biotechniques, 1995. **18**(4): p. 670-7.
68. Wiegand, P. and M. Kleiber, *Less is more--length reduction of STR amplicons using redesigned primers.* Int J Legal Med, 2001. **114**(4-5): p. 285-7.
69. Gill, P., J. Curran, and K. Elliot, *A graphical simulation model of the entire DNA process associated with the analysis of short tandem repeat loci.* Nucleic Acids Res, 2005. **33**(2): p. 632-43.
70. Butler, J.M., Y. Shen, and B.R. McCord, *The development of reduced size STR amplicons as tools for analysis of degraded DNA.* J Forensic Sci, 2003. **48**(5): p. 1054-64.
71. Coble, M.D. and J.M. Butler, *Characterization of new miniSTR loci to aid analysis of degraded DNA.* J Forensic Sci, 2005. **50**(1): p. 43-53.
72. Schlenk, J., et al., *Development of a 13-locus PCR multiplex system for paternity testing.* Int J Legal Med, 2004. **118**(1): p. 55-61.
73. Walsh PS, F.N., Reynolds R., *Sequence analysis and characterization of sutter productus at the tetranucoleotide repeats locus vWA.* Nucleic Acids Res, 1996. **1996**(24): p. 6.
74. Hauge, X.Y. and M. Litt, *A study of the origin of 'shadow bands' seen when typing dinucleotide repeat polymorphisms by the PCR.* Hum Mol Genet, 1993. **2**(4): p. 411-5.
75. Walsh, P.S., N.J. Fildes, and R. Reynolds, *Sequence analysis and characterization of stutter products at the tetranucleotide repeat locus vWA.* Nucleic Acids Res, 1996. **24**(14): p. 2807-12.
76. *Bacher J, Schumm JW, Development of highly polymorphic pentanucleotide tandem repeat loci with low stutter. Profiles DNA 1998;2(2):3-6.*
77. Ardlie, K.G., L. Kruglyak, and M. Seielstad, *Patterns of linkage disequilibrium in the human genome.* Nat Rev Genet, 2002. **3**(4): p. 299-309.
78. Sullivan, K.M., et al., *A rapid and quantitative DNA sex test: fluorescence-based PCR analysis of X-Y homologous gene amelogenin.* Biotechniques, 1993. **15**(4): p. 636-8, 640-1.
79. Reynolds, R. and J. Varlaro, *Gender determination of forensic samples using PCR amplification of ZFX/ZFY gene sequences.* J Forensic Sci, 1996. **41**(2): p. 279-86.

80. Lederer, T., et al., *A new pentaplex PCR system for forensic casework analysis.* Int J Legal Med, 2000. **114**(1-2): p. 87-92.
81. Cotton, E.A., et al., *Validation of the AMPFlSTR SGM plus system for use in forensic casework.* Forensic Sci Int, 2000. **112**(2-3): p. 151-61.
82. Klaus Bender, P.M.S., *Validation and casework testing of the BioPlex-11 for STR typing of telogen hair roots.* Forensic Sci Int, 2006. **161**(161): p. 8.
83. Krenke, B.E., et al., *Validation of a 16-locus fluorescent multiplex system.* J Forensic Sci, 2002. **47**(4): p. 773-85.
84. LaFountain MJ, S.M., Svete PA, Walkinshaw MA, Buel E, *TWGDAM validation of the AmpFiSTR Profiler Plus and AmpFlSTR COfiler STR multiplex systems using capillary electrophoresis.* . J Forensic Sci, 2001. **46**: p. 9.
85. Mulero, J.J., et al., *Development and validation of the AmpFlSTR MiniFiler PCR Amplification Kit: a MiniSTR multiplex for the analysis of degraded and/or PCR inhibited DNA.* J Forensic Sci, 2008. **53**(4): p. 838-52.
86. Wallin, J.M., et al., *TWGDAM validation of the AmpFISTR blue PCR amplification kit for forensic casework analysis.* J Forensic Sci, 1998. **43**(4): p. 854-70.
87. Coticone, S.R., et al., *Development of the AmpFISTR SEfiler PCR amplification kit: a new multiplex containing the highly discriminating ACTBP2 (SE33) locus.* Int J Legal Med, 2004. **118**(4): p. 224-34.
88. Kathrin Müller, R.K., Erich Miltner, Peter Wiegand, *Q8- A short amplicon multiplex including the German DNA database systems.* Forensic Sci Int, 2007. **1**(Genetics): p. 3.
89. Hill CR, B.J., Valone PM, *A 26plex Autosomal STR Assay to Aid Human Identity Testing.* J Forensic Sci, 2009. **54**(5): p. 7.
90. Parsons, T.J., et al., *Application of novel "mini-amplicon" STR multiplexes to high volume casework on degraded skeletal remains.* Forensic Sci Int Genet, 2007. **1**(2): p. 175-9.
91. Junge, A., et al., *Validation of the multiplex kit genRESMPX-2 for forensic casework analysis.* Int J Legal Med, 2003. **117**(6): p. 317-25.
92. Sparkes, R., et al., *The validation of a 7-locus multiplex STR test for use in forensic casework. (II), Artefacts, casework studies and success rates.* Int J Legal Med, 1996. **109**(4): p. 195-204.
93. Grubwieser, P., et al., *A new "miniSTR-multiplex" displaying reduced amplicon lengths for the analysis of degraded DNA*, in *Int J Legal Med.* 2006. p. 115-20.
94. Budowle, B., B.W. Koons, and J.D. Errera, *Multiplex amplification and typing procedure for the loci D1S80 and amelogenin.* J Forensic Sci, 1996. **41**(4): p. 660-3.
95. Mannucci, A., et al., *Forensic application of a rapid and quantitative DNA sex test by amplification of the X-Y homologous gene amelogenin.* Int J Legal Med, 1994. **106**(4): p. 190-3.
96. Haas-Rochholz, H. and G. Weiler, *Additional primer sets for an amelogenin gene PCR-based DNA-sex test.* Int J Legal Med, 1997. **110**(6): p. 312-5.
97. Butler JM, *Recent developments in Y-shot tandem repat and Y-single nucleotide polymorphism analysis.* Forensic Sci Rev 2003;**15**(2):91-111
98. Kayser, M., et al., *Evaluation of Y-chromosomal STRs: a multicenter study.* Int J Legal Med, 1997. **110**(3): p. 125-33, 141-9.

99. Schneider, P.M., et al., *Tandem repeat structure of the duplicated Y-chromosomal STR locus DYS385 and frequency studies in the German and three Asian populations.* Forensic Sci Int, 1998. **97**(1): p. 61-70.
100. *SWGDAM Y-STR subcommittee. Report on the current activities of the scientific working group on DNA analysis methods (SWGDAM) Y-STR subcommittee. Forensic Sci comm 2004;6 (3).*
101. Hwa, H.L., et al., *Seventeen Y-chromosomal short tandem repeat haplotypes in seven groups of population living in Taiwan.* Int J Legal Med. **124**(4): p. 295-300.
102. Budowle, B., et al., *Twelve short tandem repeat loci Y chromosome haplotypes: genetic analysis on populations residing in North America.* Forensic Sci Int, 2005. **150**(1): p. 1-15.
103. Krenke, B.E., et al., *Validation of a male-specific, 12-locus fluorescent short tandem repeat (STR) multiplex.* Forensic Sci Int, 2005. **148**(1): p. 1-14.
104. Messier, W., S.H. Li, and C.B. Stewart, *The birth of microsatellites.* Nature, 1996. **381**(6582): p. 483.
105. Wilder, J. and H. Hollocher, *Mobile elements and the genesis of microsatellites in dipterans.* Mol Biol Evol, 2001. **18**(3): p. 384-92.
106. Buschiazzo, E. and N.J. Gemmell, *The rise, fall and renaissance of microsatellites in eukaryotic genomes.* Bioessays, 2006. **28**(10): p. 1040-50.
107. Zhu, Y., J.E. Strassmann, and D.C. Queller, *Insertions, substitutions, and the origin of microsatellites.* Genet Res, 2000. **76**(3): p. 227-36.
108. Nishizawa, M. and K. Nishizawa, *A DNA sequence evolution analysis generalized by simulation and the markov chain monte carlo method implicates strand slippage in a majority of insertions and deletions.* J Mol Evol, 2002. **55**(6): p. 706-17.
109. Li, Y.C., et al., *Microsatellites within genes: structure, function, and evolution.* Mol Biol Evol, 2004. **21**(6): p. 991-1007.
110. Amos, W., *A relative approach to study the evolution of microsatellites. In D.B. Goldstein & C. Schlotterer (Eds.). Microsatellites: Evolution and applications (pp 60-79). Oxford: Oxford University Press.* 1999.
111. Bhargava, A. and F.F. Fuentes, *Mutational dynamics of microsatellites.* Mol Biotechnol. **44**(3): p. 250-66.
112. Economou, E.P., et al., *The polydeoxyadenylate tract of Alu repetitive elements is polymorphic in the human genome.* Proc Natl Acad Sci U S A, 1990. **87**(8): p. 2951-4.
113. Iizuka, M., et al., *Mapping of 28 (CA)n microsatellite repeats and 13 Alu markers on human chromosome 11 using a panel of somatic cell hybrids.* Genomics, 1994. **19**(3): p. 581-4.
114. Jurka, J. and C. Pethiyagoda, *Simple repetitive DNA sequences from primates: compilation and analysis.* J Mol Evol, 1995. **40**(2): p. 120-6.
115. Zuliani, G. and H.H. Hobbs, *A high frequency of length polymorphisms in repeated sequences adjacent to Alu sequences.* Am J Hum Genet, 1990. **46**(5): p. 963-9.
116. Weiner, A.M., P.L. Deininger, and A. Efstratiadis, *Nonviral retroposons: genes, pseudogenes, and transposable elements generated by the reverse flow of genetic information.* Annu Rev Biochem, 1986. **55**: p. 631-61.
117. Arcot, S.S., et al., *Alu repeats: a source for the genesis of primate microsatellites.* Genomics, 1995. **29**(1): p. 136-44.

118. Rogers, J.H., *The origin and evolution of retroposons.* Int Rev Cytol, 1985. **93**: p. 187-279.
119. Jagadeeswaran, P., B.G. Forget, and S.M. Weissman, *Short interspersed repetitive DNA elements in eucaryotes: transposable DNA elements generated by reverse transcription of RNA pol III transcripts?* Cell, 1981. **26**(2 Pt 2): p. 141-2.
120. Deininger, P.L., et al., *Base sequence studies of 300 nucleotide renatured repeated human DNA clones.* J Mol Biol, 1981. **151**(1): p. 17-33.
121. Miesfeld, R., M. Krystal, and N. Arnheim, *A member of a new repeated sequence family which is conserved throughout eucaryotic evolution is found between the human delta and beta globin genes.* Nucleic Acids Res, 1981. **9**(22): p. 5931-47.
122. Hamada, H., M.G. Petrino, and T. Kakunaga, *A novel repeated element with Z-DNA-forming potential is widely found in evolutionarily diverse eukaryotic genomes.* Proc Natl Acad Sci U S A, 1982. **79**(21): p. 6465-9.
123. Batzer, M.A. and P.L. Deininger, *A human-specific subfamily of Alu sequences.* Genomics, 1991. **9**(3): p. 481-7.
124. Perna, N.T., et al., *Alu insertion polymorphism: a new type of marker for human population studies.* Hum Biol, 1992. **64**(5): p. 641-8.
125. Batzer, M.A., et al., *African origin of human-specific polymorphic Alu insertions.* Proc Natl Acad Sci U S A, 1994. **91**(25): p. 12288-92.
126. Batzer, M.A., et al., *Dispersion and insertion polymorphism in two small subfamilies of recently amplified human Alu repeats.* J Mol Biol, 1995. **247**(3): p. 418-27.
127. Batzer, M.A., et al., *Genetic variation of recent Alu insertions in human populations.* J Mol Evol, 1996. **42**(1): p. 22-9.
128. Batzer, M.A., et al., *Structure and variability of recently inserted Alu family members.* Nucleic Acids Res, 1990. **18**(23): p. 6793-8.
129. Schlotterer, C., *Evolutionary dynamics of microsatellite DNA.* Chromosoma, 2000. **109**(6): p. 365-71.
130. Kenchington, E.L., et al., *Genetic differentiation in relation to marine landscape in a broadcast-spawning bivalve mollusc (Placopecten magellanicus).* Mol Ecol, 2006. **15**(7): p. 1781-96.
131. Wiegand, P., E. Meyer, and B. Brinkmann, *Microsatellite structures in the context of human evolution.* Electrophoresis, 2000. **21**(5): p. 889-95.
132. Moxon, E.R., et al., *Adaptive evolution of highly mutable loci in pathogenic bacteria.* Curr Biol, 1994. **4**(1): p. 24-33.
133. Harding, R.M., A.J. Boyce, and J.B. Clegg, *The evolution of tandemly repetitive DNA: recombination rules.* Genetics, 1992. **132**(3): p. 847-59.
134. Tachida, H. and M. Iizuka, *Persistence of repeated sequences that evolve by replication slippage.* Genetics, 1992. **131**(2): p. 471-8.
135. Nadir, E., et al., *Microsatellite spreading in the human genome: evolutionary mechanisms and structural implications.* Proc Natl Acad Sci U S A, 1996. **93**(13): p. 6470-5.
136. Brohede, J. and H. Ellegren, *Microsatellite evolution: polarity of substitutions within repeats and neutrality of flanking sequences.* Proc Biol Sci, 1999. **266**(1421): p. 825-33.
137. Gendrel, C.G., A. Boulet, and M. Dutreix, *(CA/GT)(n) microsatellites affect homologous recombination during yeast meiosis.* Genes Dev, 2000. **14**(10): p. 1261-8.

138. Li, Y., et al., *Microsatellite diversity correlated with ecological-edaphic and genetic factors in three microsites of wild emmer wheat in North Israel.* Mol Biol Evol, 2000. **17**(6): p. 851-62.
139. Parniewski, P., et al., *Length of CTG.CAG repeats determines the influence of mismatch repair on genetic instability.* J Mol Biol, 2000. **299**(4): p. 865-74.
140. Coenye, T. and P. Vandamme, *Characterization of mononucleotide repeats in sequenced prokaryotic genomes.* DNA Res, 2005. **12**(4): p. 221-33.
141. *Strachan, Tom, and Andrew P. Read. Human Molecular Genetics. New York: Wiley-Liss, 1996.ISBN 13: 978-0471330615.*
142. Petrini, J.H., *The mammalian Mre11-Rad50-nbs1 protein complex: integration of functions in the cellular DNA-damage response.* Am J Hum Genet, 1999. **64**(5): p. 1264-9.
143. Ferguson, D.O. and F.W. Alt, *DNA double strand break repair and chromosomal translocation: lessons from animal models.* Oncogene, 2001. **20**(40): p. 5572-9.
144. Khanna, K.K. and S.P. Jackson, *DNA double-strand breaks: signaling, repair and the cancer connection.* Nat Genet, 2001. **27**(3): p. 247-54.
145. D'Amours, D. and S.P. Jackson, *The Mre11 complex: at the crossroads of dna repair and checkpoint signalling.* Nat Rev Mol Cell Biol, 2002. **3**(5): p. 317-27.
146. Rouse, J. and S.P. Jackson, *Interfaces between the detection, signaling, and repair of DNA damage.* Science, 2002. **297**(5581): p. 547-51.
147. Jakupciak, J.P. and R.D. Wells, *Gene conversion (recombination) mediates expansions of CTG[middle dot]CAG repeats.* J Biol Chem, 2000. **275**(51): p. 40003-13.
148. Richard, G.F. and F. Paques, *Mini- and microsatellite expansions: the recombination connection.* EMBO Rep, 2000. **1**(2): p. 122-6.
149. *Stacey, K. A. 1994. Recombination. In: Kendrew John, Lawrence Eleanor (eds.). The Encyclopedia of Molecular Biology. Oxford: Blackwell Science, 945–950. ISBN 10: 0-632-02182 9.*
150. Arnheim, N., P. Calabrese, and M. Nordborg, *Hot and cold spots of recombination in the human genome: the reason we should find them and how this can be achieved.* Am J Hum Genet, 2003. **73**(1): p. 5-16.
151. Jeffreys, A.J., et al., *Meiotic recombination hot spots and human DNA diversity.* Philos Trans R Soc Lond B Biol Sci, 2004. **359**(1441): p. 141-52.
152. Myers, S., et al., *A fine-scale map of recombination rates and hotspots across the human genome.* Science, 2005. **310**(5746): p. 321-4.
153. Gerton, J.L., et al., *Inaugural article: global mapping of meiotic recombination hotspots and coldspots in the yeast Saccharomyces cerevisiae.* Proc Natl Acad Sci U S A, 2000. **97**(21): p. 11383-90.
154. Jeffreys, A.J., L. Kauppi, and R. Neumann, *Intensely punctate meiotic recombination in the class II region of the major histocompatibility complex.* Nat Genet, 2001. **29**(2): p. 217-22.
155. Treco, D. and N. Arnheim, *The evolutionarily conserved repetitive sequence d(TG.AC)n promotes reciprocal exchange and generates unusual recombinant tetrads during yeast meiosis.* Mol Cell Biol, 1986. **6**(11): p. 3934-47.
156. Wahls, W.P., L.J. Wallace, and P.D. Moore, *The Z-DNA motif d(TG)30 promotes reception of information during gene conversion events while stimulating homologous recombination in human cells in culture.* Mol Cell Biol, 1990. **10**(2): p. 785-93.

157. Bailey, A.D., T. Pavelitz, and A.M. Weiner, *The microsatellite sequence (CT)n x (GA)n promotes stable chromosomal integration of large tandem arrays of functional human U2 small nuclear RNA genes.* Mol Cell Biol, 1998. **18**(4): p. 2262-71.
158. Hashem, V.I., W.A. Rosche, and R.R. Sinden, *Genetic recombination destabilizes (CTG)n.(CAG)n repeats in E. coli.* Mutat Res, 2004. **554**(1-2): p. 95-109.
159. Stephan, W. and S. Cho, *Possible role of natural selection in the formation of tandem-repetitive noncoding DNA.* Genetics, 1994. **136**(1): p. 333-41.
160. Huang, Q.Y., et al., *Mutation patterns at dinucleotide microsatellite loci in humans.* Am J Hum Genet, 2002. **70**(3): p. 625-34.
161. Payseur, B.A. and M.W. Nachman, *Microsatellite variation and recombination rate in the human genome.* Genetics, 2000. **156**(3): p. 1285-98.
162. Levinson, G. and G.A. Gutman, *Slipped-strand mispairing: a major mechanism for DNA sequence evolution.* Mol Biol Evol, 1987. **4**(3): p. 203-21.
163. Weber, J.L. and C. Wong, *Mutation of human short tandem repeats.* Hum Mol Genet, 1993. **2**(8): p. 1123-8.
164. Kruglyak, S., et al., *Equilibrium distributions of microsatellite repeat length resulting from a balance between slippage events and point mutations.* Proc Natl Acad Sci U S A, 1998. **95**(18): p. 10774-8.
165. Huttley, G.A., et al., *How important is DNA replication for mutagenesis?* Mol Biol Evol, 2000. **17**(6): p. 929-37.
166. Li, Y.C., et al., *Climatic effects on microsatellite diversity in wild emmer wheat (Triticum dicoccoides) at the Yehudiyya microsite, Israel.* Heredity, 2002. **89**(2): p. 127-32.
167. Streisinger, G. and J. Owen, *Mechanisms of spontaneous and induced frameshift mutation in bacteriophage T4.* Genetics, 1985. **109**(4): p. 633-59.
168. Schlotterer, C. and D. Tautz, *Slippage synthesis of simple sequence DNA.* Nucleic Acids Res, 1992. **20**(2): p. 211-5.
169. Strand, M., et al., *Destabilization of tracts of simple repetitive DNA in yeast by mutations affecting DNA mismatch repair.* Nature, 1993. **365**(6443): p. 274-6.
170. Kolodner, R.D. and G.T. Marsischky, *Eukaryotic DNA mismatch repair.* Curr Opin Genet Dev, 1999. **9**(1): p. 89-96.
171. Harr, B., J. Todorova, and C. Schlotterer, *Mismatch repair-driven mutational bias in D. melanogaster.* Mol Cell, 2002. **10**(1): p. 199-205.
172. Ota, T. and M. Kimura, *A model of mutation appropriate to estimate the number of electrophoretically detectable alleles in a finite population.* Genet Res, 1973. **22**(2): p. 201-4.
173. Grimaldi, M.C. and B. Crouau-Roy, *Microsatellite allelic homoplasy due to variable flanking sequences.* J Mol Evol, 1997. **44**(3): p. 336-40.
174. Van Oppen, M.J., et al., *Extensive homoplasy, nonstepwise mutations, and shared ancestral polymorphism at a complex microsatellite locus in Lake Malawi cichlids.* Mol Biol Evol, 2000. **17**(4): p. 489-98.
175. Xu, X., M. Peng, and Z. Fang, *The direction of microsatellite mutations is dependent upon allele length.* Nat Genet, 2000. **24**(4): p. 396-9.
176. Amos, W., *Heterozygosity and mutation rate: evidence for an interaction and its implications: the potential for meiotic gene conversions to influence both mutation rate and distribution.* Bioessays. **32**(1): p. 82-90.
177. Sainudiin, R., et al., *Microsatellite mutation models: insights from a comparison of humans and chimpanzees.* Genetics, 2004. **168**(1): p. 383-95.

178. Calabrese, P.P., R.T. Durrett, and C.F. Aquadro, *Dynamics of microsatellite divergence under stepwise mutation and proportional slippage/point mutation models.* Genetics, 2001. **159**(2): p. 839-52.
179. Brinkmann, B., et al., *Mutation rate in human microsatellites: influence of the structure and length of the tandem repeat.* Am J Hum Genet, 1998. **62**(6): p. 1408-15.
180. Sajantila, A., M. Lukka, and A.C. Syvanen, *Experimentally observed germline mutations at human micro- and minisatellite loci.* Eur J Hum Genet, 1999. **7**(2): p. 263-6.
181. Tautz, D. and M. Renz, *Simple sequences are ubiquitous repetitive components of eukaryotic genomes.* Nucleic Acids Res, 1984. **12**(10): p. 4127-38.
182. Epplen, C., et al., *On the essence of "meaningless" simple repetitive DNA in eukaryote genomes.* EXS, 1993. **67**: p. 29-45.
183. Li, Y.C., et al., *Microsatellites: genomic distribution, putative functions and mutational mechanisms: a review.* Mol Ecol, 2002. **11**(12): p. 2453-65.
184. Rocha, E.P., I. Matic, and F. Taddei, *Over-representation of repeats in stress response genes: a strategy to increase versatility under stressful conditions?* Nucleic Acids Res, 2002. **30**(9): p. 1886-94.
185. Ellegren, H., C.R. Primmer, and B.C. Sheldon, *Microsatellite 'evolution': directionality or bias?* Nat Genet, 1995. **11**(4): p. 360-2.
186. Dettman, J.R. and J.W. Taylor, *Mutation and evolution of microsatellite loci in Neurospora.* Genetics, 2004. **168**(3): p. 1231-48.
187. Lai, Y. and F. Sun, *The relationship between microsatellite slippage mutation rate and the number of repeat units.* Mol Biol Evol, 2003. **20**(12): p. 2123-31.
188. Jin, L., et al., *Mutation rate varies among alleles at a microsatellite locus: phylogenetic evidence.* Proc Natl Acad Sci U S A, 1996. **93**(26): p. 15285-8.
189. Glenn, T.C., et al., *Allelic diversity in alligator microsatellite loci is negatively correlated with GC content of flanking sequences and evolutionary conservation of PCR amplifiability.* Mol Biol Evol, 1996. **13**(8): p. 1151-4.
190. Bachtrog, D., et al., *Microsatellite variability differs between dinucleotide repeat motifs-evidence from Drosophila melanogaster.* Mol Biol Evol, 2000. **17**(9): p. 1277-85.
191. Begun, D.J. and C.F. Aquadro, *Levels of naturally occurring DNA polymorphism correlate with recombination rates in D. melanogaster.* Nature, 1992. **356**(6369): p. 519-20.
192. Chen, W. and S. Jinks-Robertson, *Mismatch repair proteins regulate heteroduplex formation during mitotic recombination in yeast.* Mol Cell Biol, 1998. **18**(11): p. 6525-37.
193. Sia, E.A., et al., *Microsatellite instability in yeast: dependence on repeat unit size and DNA mismatch repair genes.* Mol Cell Biol, 1997. **17**(5): p. 2851-8.
194. Aquilina, G. and M. Bignami, *Mismatch repair in correction of replication errors and processing of DNA damage.* J Cell Physiol, 2001. **187**(2): p. 145-54.
195. Atkin, N.B., *Microsatellite instability.* Cytogenet Cell Genet, 2001. **92**(3-4): p. 177-81.
196. Hussein, M.R. and G.S. Wood, *Building bridges in cancer: mismatch repair and microsatellite instability.* Am J Dermatopathol, 2002. **24**(1): p. 76-81.
197. Haldane, J.B., *The rate of spontaneous mutation of a human gene. 1935.* J Genet, 2004. **83**(3): p. 235-44.

198. Miyata, T., et al., *Male-driven molecular evolution: a model and nucleotide sequence analysis.* Cold Spring Harb Symp Quant Biol, 1987. **52**: p. 863-7.
199. Shimmin, L.C., B.H. Chang, and W.H. Li, *Male-driven evolution of DNA sequences.* Nature, 1993. **362**(6422): p. 745-7.
200. McVean, G.T. and L.D. Hurst, *Evidence for a selectively favourable reduction in the mutation rate of the X chromosome.* Nature, 1997. **386**(6623): p. 388-92.
201. Crow, J.F., *Molecular evolution--who is in the driver's seat?* Nat Genet, 1997. **17**(2): p. 129-30.
202. Ellegren, H. and A.K. Fridolfsson, *Male-driven evolution of DNA sequences in birds.* Nat Genet, 1997. **17**(2): p. 182-4.
203. Ellegren, H., *Heterogeneous mutation processes in human microsatellite DNA sequences.* Nat Genet, 2000. **24**(4): p. 400-2.
204. Vogel, F. and R. Rathenberg, *Spontaneous mutation in man.* Adv Hum Genet, 1975. **5**: p. 223-318.
205. Crow, J.F., *The high spontaneous mutation rate: is it a health risk?* Proc Natl Acad Sci U S A, 1997. **94**(16): p. 8380-6.
206. Driscoll, D.J. and B.R. Migeon, *Sex difference in methylation of single-copy genes in human meiotic germ cells: implications for X chromosome inactivation, parental imprinting, and origin of CpG mutations.* Somat Cell Mol Genet, 1990. **16**(3): p. 267-82.
207. Kimura, M. and T. Ohta, *Stepwise mutation model and distribution of allelic frequencies in a finite population.* Proc Natl Acad Sci U S A, 1978. **75**(6): p. 2868-72.
208. Borts, R.H. and J.E. Haber, *Length and distribution of meiotic gene conversion tracts and crossovers in Saccharomyces cerevisiae.* Genetics, 1989. **123**(1): p. 69-80.
209. Borts, R.H., et al., *Mismatch repair-induced meiotic recombination requires the pms1 gene product.* Genetics, 1990. **124**(3): p. 573-84.
210. Koboldt, D.C., R.D. Miller, and P.Y. Kwok, *Distribution of human SNPs and its effect on high-throughput genotyping.* Hum Mutat, 2006. **27**(3): p. 249-54.
211. Tian, D., et al., *Single-nucleotide mutation rate increases close to insertions/deletions in eukaryotes.* Nature, 2008. **455**(7209): p. 105-8.
212. Prugnolle, F., et al., *Pathogen-driven selection and worldwide HLA class I diversity.* Curr Biol, 2005. **15**(11): p. 1022-7.
213. Bar, W., et al., *DNA recommendations. Further report of the DNA Commission of the ISFH regarding the use of short tandem repeat systems. International Society for Forensic Haemogenetics.* Int J Legal Med, 1997. **110**(4): p. 175-6.
214. Barber, M.D. and B.H. Parkin, *Sequence analysis and allelic designation of the two short tandem repeat loci D18S51 and D8S1179.* Int J Legal Med, 1996. **109**(2): p. 62-5.
215. Tagliaro, F., et al., *Recent advances in the application of CE to forensic sciences: a update over years 2007-2009.* Electrophoresis. **31**(1): p. 251-9.
216. Butler, J.M., et al., *Rapid analysis of the short tandem repeat HUMTH01 by capillary electrophoresis.* Biotechniques, 1994. **17**(6): p. 1062-4, 1066, 1068 passim.
217. Butler, J.M., et al., *Application of dual internal standards for precise sizing of polymerase chain reaction products using capillary electrophoresis.* Electrophoresis, 1995. **16**(6): p. 974-80.

218. Hill, C.R., et al., *Concordance study between the AmpFlSTR MiniFiler PCR amplification kit and conventional STR typing kits.* J Forensic Sci, 2007. **52**(4): p. 870-3.
219. Sajantila, A., et al., *Amplification of reproducible allele markers for amplified fragment length polymorphism analysis.* Biotechniques, 1992. **12**(1): p. 16, 18, 20-2.
220. Smith, R.N., *Accurate size comparison of short tandem repeat alleles amplified by PCR.* Biotechniques, 1995. **18**(1): p. 122-8.
221. Baechtel, F.S., et al., *Multigenerational amplification of a reference ladder for alleles at locus D1S80.* J Forensic Sci, 1993. **38**(5): p. 1176-82.
222. Westen, A.A., et al., *Higher capillary electrophoresis injection settings as an efficient approach to increase the sensitivity of STR typing.* J Forensic Sci, 2009. **54**(3): p. 591-8.
223. Liu, P., et al., *Integrated portable polymerase chain reaction-capillary electrophoresis microsystem for rapid forensic short tandem repeat typing.* Anal Chem, 2007. **79**(5): p. 1881-9.
224. Ross, P.L. and P. Belgrader, *Analysis of short tandem repeat polymorphisms in human DNA by matrix-assisted laser desorption/ionization mass spectrometry.* Anal Chem, 1997. **69**(19): p. 3966-72.
225. Wu, K.J., A. Steding, and C.H. Becker, *Matrix-assisted laser desorption time-of-flight mass spectrometry of oligonucleotides using 3-hydroxypicolinic acid as an ultraviolet-sensitive matrix.* Rapid Commun Mass Spectrom, 1993. **7**(2): p. 142-6.
226. Butler, J.M., et al., *Reliable genotyping of short tandem repeat loci without an allelic ladder using time-of-flight mass spectrometry.* Int J Legal Med, 1999. **112**(1): p. 45-9.
227. Tariq, M.A. and N. Pourmand, *Template tailoring: Accurate determination of heterozygous alleles using peptide nucleic acid and dideoxyNTP.* Electrophoresis. **31**(8): p. 1322-9.
228. Divne, A.M., H. Edlund, and M. Allen, *Forensic analysis of autosomal STR markers using Pyrosequencing.* Forensic Sci Int Genet. **4**(2): p. 122-9.
229. Edlund, H. and M. Allen, *Y chromosomal STR analysis using Pyrosequencing technology.* Forensic Sci Int Genet, 2009. **3**(2): p. 119-24.
230. Tschentscher, F., U.H. Frey, and T. Bajanowski, *Amelogenin sex determination by pyrosequencing of short PCR products.* Int J Legal Med, 2008. **122**(4): p. 333-5.
231. Martin PD, S.H., Schneider PM, *A brief history of the formation of DNA databases in forensic science within Europe.* Forensic Sci Int, 2001. **119**: p. 3.
232. Asplen C, L.S., *International perspectives on forensic DNA databases.* Forensic Sci Int, 2004. **146(Suppl):S119-S121**.
233. Corte-Real F, *Forensic DNA databases.* Forensic Sci Int, 2004. **146(Suppl):S143-S144**.
234. Gill, P., et al., *New multiplexes for Europe-amendments and clarification of strategic development.* Forensic Sci Int, 2006. **163**(1-2): p. 155-7.
235. UE, *DECISIÓN 2008/615/JAI DEL CONSEJO, destinada a transponer el Tratado de Prüm en el marco jurídico de la UE.* 2008.
236. Malkoc, E. and W. Neuteboom, *The current status of forensic science laboratory accreditation in Europe.* Forensic Sci Int, 2007. **167**(2-3): p. 121-6.

237. Gill, P., et al., *Report of the European Network of Forensic Science Institutes (ENSFI): formulation and testing of principles to evaluate STR multiplexes.* Forensic Sci Int, 2000. **108**(1): p. 1-29.
238. Gill, P., et al., *A comparison of adjustment methods to test the robustness of an STR DNA database comprised of 24 European populations.* Forensic Sci Int, 2003. **131**(2-3): p. 184-96.
239. Vallone, P.M., C.R. Hill, and J.M. Butler, *Demonstration of rapid multiplex PCR amplification involving 16 genetic loci.* Forensic Sci Int Genet, 2008. **3**(1): p. 42-5.
240. Kline, M.C., et al., *Production and certification of NIST Standard Reference Material 2372 Human DNA Quantitation Standard.* Anal Bioanal Chem, 2009. **394**(4): p. 1183-92.
241. Gill, P., et al., *National recommendations of the Technical UK DNA working group on mixture interpretation for the NDNAD and for court going purposes.* Forensic Sci Int Genet, 2008. **2**(1): p. 76-82.
242. Gomez, J., et al., *A review of the collaborative exercises on DNA typing of the Spanish and Portuguese ISFH Working Group. International Society for Forensic Haemogenetics.* Int J Legal Med, 1997. **110**(5): p. 273-7.
243. Parson, W., et al., *The EDNAP mitochondrial DNA population database (EMPOP) collaborative exercises: organisation, results and perspectives.* Forensic Sci Int, 2004. **139**(2-3): p. 215-26.
244. Parson, W., et al., *Identification of West Eurasian mitochondrial haplogroups by mtDNA SNP screening: results of the 2006-2007 EDNAP collaborative exercise.* Forensic Sci Int Genet, 2008. **2**(1): p. 61-8.
245. Parson, W., et al., *Y-STR analysis on DNA mixture samples--results of a collaborative project of the ENFSI DNA Working Group.* Forensic Sci Int Genet, 2008. **2**(3): p. 238-42.
246. Gilbert, M.T., et al., *The isolation of nucleic acids from fixed, paraffin-embedded tissues-which methods are useful when?* PLoS One, 2007. **2**(6): p. e537.
247. Muller, K., et al., *Improved STR typing of telogen hair root and hair shaft DNA.* Electrophoresis, 2007. **28**(16): p. 2835-42.
248. Gill, P., et al., *An investigation of the rigor of interpretation rules for STRs derived from less than 100 pg of DNA.* Forensic Sci Int, 2000. **112**(1): p. 17-40.
249. Moretti, T.R., et al., *Validation of short tandem repeats (STRs) for forensic usage: performance testing of fluorescent multiplex STR systems and analysis of authentic and simulated forensic samples.* J Forensic Sci, 2001. **46**(3): p. 647-60.
250. Moretti, T.R., et al., *Validation of STR typing by capillary electrophoresis.* J Forensic Sci, 2001. **46**(3): p. 661-76.
251. Gaines, M.L., et al., *Reduced volume PCR amplification reactions using the AmpFlSTR Profiler Plus kit.* J Forensic Sci, 2002. **47**(6): p. 1224-37.
252. Leclair, B., et al., *STR DNA typing: increased sensitivity and efficient sample consumption using reduced PCR reaction volumes.* J Forensic Sci, 2003. **48**(5): p. 1001-13.
253. Hanson, E.K. and J. Ballantyne, *Whole genome amplification strategy for forensic genetic analysis using single or few cell equivalents of genomic DNA.* Anal Biochem, 2005. **346**(2): p. 246-57.
254. Strom, C.M. and S. Rechitsky, *Use of nested PCR to identify charred human remains and minute amounts of blood.* J Forensic Sci, 1998. **43**(3): p. 696-700.

255. Taberlet, P., et al., *Reliable genotyping of samples with very low DNA quantities using PCR.* Nucleic Acids Res, 1996. **24**(16): p. 3189-94.
256. Budowle, B. and A. van Daal, *Forensically relevant SNP classes.* Biotechniques, 2008. **44**(5): p. 603-8, 610.
257. Sanchez, J.J., et al., *A multiplex assay with 52 single nucleotide polymorphisms for human identification.* Electrophoresis, 2006. **27**(9): p. 1713-24.
258. Farrugia, A., C. Keyser, and B. Ludes, *Efficiency evaluation of a DNA extraction and purification protocol on archival formalin-fixed and paraffin-embedded tissue.* Forensic Sci Int. **194**(1-3): p. e25-8.
259. Dixon, L.A., et al., *Analysis of artificially degraded DNA using STRs and SNPs--results of a collaborative European (EDNAP) exercise.* Forensic Sci Int, 2006. **164**(1): p. 33-44.
260. Schneider, P.M., et al., *STR analysis of artificially degraded DNA-results of a collaborative European exercise.* Forensic Sci Int, 2004. **139**(2-3): p. 123-34.
261. Sobrino, B. and A. Carracedo, *SNP typing in forensic genetics: a review.* Methods Mol Biol, 2005. **297**: p. 107-26.
262. Li, S.X., *[Single nucleotide polymorphism and its application in allogeneic hematopoietic stem cell transplantation--review].* Zhongguo Shi Yan Xue Ye Xue Za Zhi, 2004. **12**(6): p. 885-8.
263. Ruitberg, C.M., D.J. Reeder, and J.M. Butler, *STRBase: a short tandem repeat DNA database for the human identity testing community.* Nucleic Acids Res, 2001. **29**(1): p. 320-2.
264. Dixon, L.A., et al., *Validation of a 21-locus autosomal SNP multiplex for forensic identification purposes.* Forensic Sci Int, 2005. **154**(1): p. 62-77.
265. Gill, P., *An assessment of the utility of single nucleotide polymorphisms (SNPs) for forensic purposes.* Int J Legal Med, 2001. **114**(4-5): p. 204-10.
266. Kimpton, C., et al., *Report on the second EDNAP collaborative STR exercise. European DNA Profiling Group.* Forensic Sci Int, 1995. **71**(2): p. 137-52.
267. Gill, P., et al., *Report of the European DNA profiling group (EDNAP): an investigation of the complex STR loci D21S11 and HUMFIBRA (FGA).* Forensic Sci Int, 1997. **86**(1-2): p. 25-33.
268. ENFSI/EDNAP, *New multiplexes for Europe-Amendments and clarification of strategic development.* Forensic Science International, 2006. **163**: p. 13.
269. Alenizi, M.A., et al., *Concordance between the AmpFlSTR MiniFiler and AmpFlSTR Identifiler PCR amplification kits in the Kuwaiti population.* J Forensic Sci, 2009. **54**(2): p. 350-2.
270. Hill, C.R., et al., *Concordance and population studies along with stutter and peak height ratio analysis for the PowerPlex((R)) ESX 17 and ESI 17 Systems.* Forensic Sci Int Genet.
271. Stoneking, M., *Single nucleotide polymorphisms. From the evolutionary past.* Nature, 2001. **409**(6822): p. 821-2.
272. Pereira, R., et al., *A new multiplex for human identification using insertion/deletion polymorphisms.* Electrophoresis, 2009. **30**(21): p. 3682-90.
273. *DNA Replication and Causes of MutationBy: Leslie A. Pray, Ph.D. © 2008 Nature Education Citation: Pray, L. (2008) DNA replication and causes of mutation. Nature Education 1(1).*
274. Sancar, A., et al., *Molecular mechanisms of mammalian DNA repair and the DNA damage checkpoints.* Annu Rev Biochem, 2004. **73**: p. 39-85.

275. Minko, I.G., Y. Zou, and R.S. Lloyd, *Incision of DNA-protein crosslinks by UvrABC nuclease suggests a potential repair pathway involving nucleotide excision repair.* Proc Natl Acad Sci U S A, 2002. **99**(4): p. 1905-9.
276. Coulondre, C., et al., *Molecular basis of base substitution hotspots in Escherichia coli.* Nature, 1978. **274**(5673): p. 775-80.
277. Duncan, B.K. and J.H. Miller, *Mutagenic deamination of cytosine residues in DNA.* Nature, 1980. **287**(5782): p. 560-1.
278. Cooper, D.N. and H. Youssoufian, *The CpG dinucleotide and human genetic disease.* Hum Genet, 1988. **78**(2): p. 151-5.
279. Sommer, S.S. and R.P. Ketterling, *The factor IX gene as a model for analysis of human germline mutations: an update.* Hum Mol Genet, 1996. **5 Spec No**: p. 1505-14.
280. Cox, M.M., *Recombinational DNA repair of damaged replication forks in Escherichia coli: questions.* Annu Rev Genet, 2001. **35**: p. 53-82.
281. Zhou, J., et al., *A role for p53 in base excision repair.* EMBO J, 2001. **20**(4): p. 914-23.
282. Sancar, A., *Structure and function of DNA photolyase and cryptochrome blue-light photoreceptors.* Chem Rev, 2003. **103**(6): p. 2203-37.
283. Lindahl, T., et al., *Regulation and expression of the adaptive response to alkylating agents.* Annu Rev Biochem, 1988. **57**: p. 133-57.
284. Luo, H., et al., *A new XRCC1-containing complex and its role in cellular survival of methyl methanesulfonate treatment.* Mol Cell Biol, 2004. **24**(19): p. 8356-65.
285. Wood, R.D., M. Mitchell, and T. Lindahl, *Human DNA repair genes, 2005.* Mutat Res, 2005. **577**(1-2): p. 275-83.
286. Sancar, A., *DNA excision repair.* Annu Rev Biochem, 1996. **65**: p. 43-81.
287. Petit, C. and A. Sancar, *Nucleotide excision repair: from E. coli to man.* Biochimie, 1999. **81**(1-2): p. 15-25.
288. Wood, R.D., *Nucleotide excision repair in mammalian cells.* J Biol Chem, 1997. **272**(38): p. 23465-8.
289. Wood, R.D., *DNA damage recognition during nucleotide excision repair in mammalian cells.* Biochimie, 1999. **81**(1-2): p. 39-44.
290. Sherry, S.T., M. Ward, and K. Sirotkin, *dbSNP-database for single nucleotide polymorphisms and other classes of minor genetic variation.* Genome Res, 1999. **9**(8): p. 677-9.
291. Sherry, S.T., et al., *dbSNP: the NCBI database of genetic variation.* Nucleic Acids Res, 2001. **29**(1): p. 308-11.
292. Eberle, M.A., et al., *Power to detect risk alleles using genome-wide tag SNP panels.* PLoS Genet, 2007. **3**(10): p. 1827-37.
293. Fan, J.B., M.S. Chee, and K.L. Gunderson, *Highly parallel genomic assays.* Nat Rev Genet, 2006. **7**(8): p. 632-44.
294. Easton, D.F., et al., *Genome-wide association study identifies novel breast cancer susceptibility loci.* Nature, 2007. **447**(7148): p. 1087-93.
295. Sladek, R., et al., *A genome-wide association study identifies novel risk loci for type 2 diabetes.* Nature, 2007. **445**(7130): p. 881-5.
296. *Genome-wide association study of 14,000 cases of seven common diseases and 3,000 shared controls.* Nature, 2007. **447**(7145): p. 661-78.
297. *The International HapMap Project.* Nature, 2003. **426**(6968): p. 789-96.

298. Hwang, D.G. and P. Green, *Bayesian Markov chain Monte Carlo sequence analysis reveals varying neutral substitution patterns in mammalian evolution.* Proc Natl Acad Sci U S A, 2004. **101**(39): p. 13994-4001.
299. Madsen, B.E., P. Villesen, and C. Wiuf, *Short tandem repeats and genetic variation.* Methods Mol Biol. **628**: p. 297-306.
300. Almeida, P. and C. Penha-Goncalves, *Long perfect dinucleotide repeats are typical of vertebrates, show motif preferences and size convergence.* Mol Biol Evol, 2004. **21**(7): p. 1226-33.
301. Musgrave-Brown, E., et al., *Forensic validation of the SNPforID 52-plex assay.* Forensic Sci Int Genet, 2007. **1**(2): p. 186-90.
302. Borsting, C., et al., *Performance of the SNPforID 52 SNP-plex assay in paternity testing.* Forensic Sci Int Genet, 2008. **2**(4): p. 292-300.
303. Borsting, C., E. Rockenbauer, and N. Morling, *Validation of a single nucleotide polymorphism (SNP) typing assay with 49 SNPs for forensic genetic testing in a laboratory accredited according to the ISO 17025 standard.* Forensic Sci Int Genet, 2009. **4**(1): p. 34-42.
304. Karger, B.L. and A. Guttman, *DNA sequencing by CE.* Electrophoresis, 2009. **30 Suppl 1**: p. S196-202.
305. Westen, A.A., et al., *Tri-allelic SNP markers enable analysis of mixed and degraded DNA samples.* Forensic Sci Int Genet, 2009. **3**(4): p. 233-41.
306. Daca, P., et al., *[The application of minisequencing reactions for haplogroup assignment of mitochondrial DNA].* Arch Med Sadowej Kryminol, 2008. **58**(4): p. 212-7.
307. Parsons, T.J. and M.D. Coble, *Increasing the forensic discrimination of mitochondrial DNA testing through analysis of the entire mitochondrial DNA genome.* Croat Med J, 2001. **42**(3): p. 304-9.
308. Just, R.S., et al., *Toward increased utility of mtDNA in forensic identifications.* Forensic Sci Int, 2004. **146 Suppl**: p. S147-9.
309. Cerezo, M., et al., *Applications of MALDI-TOF MS to large-scale human mtDNA population-based studies.* Electrophoresis, 2009. **30**(21): p. 3665-73.
310. Grignani, P., et al., *Multiplex mtDNA coding region SNP assays for molecular dissection of haplogroups U/K and J/T.* Forensic Sci Int Genet, 2009. **4**(1): p. 21-5.
311. Gill, P., et al., *An assessment of whether SNPs will replace STRs in national DNA databases--joint considerations of the DNA working group of the European Network of Forensic Science Institutes (ENFSI) and the Scientific Working Group on DNA Analysis Methods (SWGDAM).* Sci Justice, 2004. **44**(1): p. 51-3.
312. Caratti, S., et al., *Subtyping of Y-chromosomal haplogroup E-M78 (E1b1b1a) by SNP assay and its forensic application.* Int J Legal Med, 2009. **123**(4): p. 357-60.
313. Kim, J.J., et al., *Development of SNP-based human identification system.* Int J Legal Med. **124**(2): p. 125-31.
314. Krjutskov, K., et al., *Evaluation of the 124-plex SNP typing microarray for forensic testing.* Forensic Sci Int Genet, 2009. **4**(1): p. 43-8.
315. Pulker, H., et al., *Finding genes that underlie physical traits of forensic interest using genetic tools.* Forensic Sci Int Genet, 2007. **1**(2): p. 100-4.
316. Bogdanowicz, W., et al., *Genetic identification of putative remains of the famous astronomer Nicolaus Copernicus.* Proc Natl Acad Sci U S A, 2009. **106**(30): p. 12279-82.

317. Bouakaze, C., et al., *Pigment phenotype and biogeographical ancestry from ancient skeletal remains: inferences from multiplexed autosomal SNP analysis.* Int J Legal Med, 2009. **123**(4): p. 315-25.
318. Sato, I., et al., *Forensic hair analysis to identify animal species on a case of pet animal abuse.* Int J Legal Med, 2009.
319. Budowle, B. and C.J. Sprecher, *Concordance study on population database samples using the PowerPlex 16 kit and AmpFlSTR Profiler Plus kit and AmpFlSTR COfiler kit.* J Forensic Sci, 2001. **46**(3): p. 637-41.
320. Drabek, J., et al., *Concordance study between Miniplex assays and a commercial STR typing kit.* J Forensic Sci, 2004. **49**(4): p. 859-60.
321. Alves, C., et al., *VWA STR genotyping: further inconsistencies between Perkin-Elmer and Promega kits.* Int J Legal Med, 2001. **115**(2): p. 97-9.
322. Hering, S., et al., *Complex variability of intron 40 of the von Willebrand factor (vWF) gene.* Int J Legal Med, 2008. **122**(1): p. 67-71.
323. Tagliaro, F. and F. Bortolotti, *Recent advances in the applications of CE to forensic sciences (2005-2007).* Electrophoresis, 2008. **29**(1): p. 260-8.
324. Sanger, F., *The Croonian Lecture, 1975. Nucleotide sequences in DNA.* Proc R Soc Lond B Biol Sci, 1975. **191**(1104): p. 317-33.
325. Smith, L.M., et al., *Fluorescence detection in automated DNA sequence analysis.* Nature, 1986. **321**(6071): p. 674-9.
326. Glazer, A.N. and R.A. Mathies, *Energy-transfer fluorescent reagents for DNA analyses.* Curr Opin Biotechnol, 1997. **8**(1): p. 94-102.
327. Jorgenson, J.W. and K.D. Lukacs, *Capillary zone electrophoresis.* Science, 1983. **222**(4621): p. 266-72.
328. Bode, H.J., *The use of liquid polyacrylamide in electrophoresis. II. Relationship between gel viscosity and molecular sieving.* Anal Biochem, 1977. **83**(2): p. 364-71.
329. Guttman, A., *Polyacrylamide, U.S. Patent 5332481. 1994.*
330. Huang, X.C., M.A. Quesada, and R.A. Mathies, *DNA sequencing using capillary array electrophoresis.* Anal Chem, 1992. **64**(18): p. 2149-54.
331. Swerdlow, H., et al., *Capillary gel electrophoresis for DNA sequencing. Laser-induced fluorescence detection with the sheath flow cuvette.* J Chromatogr, 1990. **516**(1): p. 61-7.
332. Lumpkin, O.J., P. Dejardin, and B.H. Zimm, *Theory of gel electrophoresis of DNA.* Biopolymers, 1985. **24**(8): p. 1573-93.
333. Carrilho, E., et al., *Rapid DNA sequencing of more than 1000 bases per run by capillary electrophoresis using replaceable linear polyacrylamide solutions.* Anal Chem, 1996. **68**(19): p. 3305-13.
334. Salas-Solano, O., et al., *Routine DNA sequencing of 1000 bases in less than one hour by capillary electrophoresis with replaceable linear polyacrylamide solutions.* Anal Chem, 1998. **70**(19): p. 3996-4003.
335. Ronaghi, M., M. Uhlen, and P. Nyren, *A sequencing method based on real-time pyrophosphate.* Science, 1998. **281**(5375): p. 363, 365.
336. Brenig, B., J. Beck, and E. Schutz, *Shotgun metagenomics of biological stains using ultra-deep DNA sequencing.* Forensic Sci Int Genet, 2009.
337. Zeng, Z., et al., *Genome-wide Screen for Individual Identification SNPs (IISNPs) and the Confirmation of Six of Them in Han Chinese with Pyrosequencing Technology**. J Forensic Sci.

338. Andreasson, H., et al., *Forensic mitochondrial coding region analysis for increased discrimination using pyrosequencing technology.* Forensic Sci Int Genet, 2007. **1**(1): p. 35-43.
339. Andreasson, H., et al., *Quantification of mtDNA mixtures in forensic evidence material using pyrosequencing.* Int J Legal Med, 2006. **120**(6): p. 383-90.
340. Arnold, N., et al., *A highly sensitive, fast, and economical technique for mutation analysis in hereditary breast and ovarian cancers.* Hum Mutat, 1999. **14**(4): p. 333-9.
341. Transgenomic, *TRANSGENOMIC, transforming the world, WAVE System 4500 User Guide.* 2003-2005 inc. 482057-00.
342. Yu, B., et al., *DNA mutation detection using denaturing high-performance liquid chromatography (DHPLC).* Curr Protoc Hum Genet, 2006. **Chapter 7**: p. Unit7 10.
343. Shi, M., et al., *6 Y-SNP typing of China and Korean samples using primer extension and DHPLC.* J Forensic Sci, 2007. **52**(1): p. 235-6.
344. Underhill, P.A., et al., *Detection of numerous Y chromosome biallelic polymorphisms by denaturing high-performance liquid chromatography.* Genome Res, 1997. **7**(10): p. 996-1005.
345. Tagliaro, F., et al., *Recent advances in the application of CE to forensic sciences: a update over years 2007-2009.* Electrophoresis, 2010. **31**(1): p. 251-9.
346. Hauser, M.T., et al., *Generation of co-dominant PCR-based markers by duplex analysis on high resolution gels.* Plant J, 1998. **16**(1): p. 117-25.
347. Devaney, J.M., J.E. Girard, and M.A. Marino, *DNA microsatellite analysis using ion-pair reversed-phase high-performance liquid chromatography.* Anal Chem, 2000. **72**(4): p. 858-64.
348. K.M. Sullivan, A.M., C.P. Kimpton, P.Gill., *A rapid and quantitaive DNA sex test: fluorescence-based PCR analysis of X-Y homologous gene amelogenin.* Biotechniques, 1993. **15**(15): p. 2.
349. Shinka, T., et al., *A rapid and simple method for sex identification by heteroduplex analysis, using denaturing high-performance liquid chromatography (DHPLC).* J Hum Genet, 2001. **46**(5): p. 263-6.
350. Verma, R., V. Ahuja, and J. Paul, *Frequency of single nucleotide polymorphisms in NOD1 gene of ulcerative colitis patients: a case-control study in the Indian population.* BMC Med Genet, 2009. **10**: p. 82.
351. Nguyen, T.H., et al., *Toll-like receptor 4 (TLR4) and typhoid fever in Vietnam.* PLoS One, 2009. **4**(3): p. e4800.
352. Maukonen, J. and M. Saarela, *Microbial communities in industrial environment.* Curr Opin Microbiol, 2009. **12**(3): p. 238-43.
353. Ouyang, J.H., et al., *Single nucleotide polymorphism (SNP) at the GHR gene and its associations with chicken growth and fat deposition traits.* Br Poult Sci, 2008. **49**(2): p. 87-95.
354. Phillips, C., *Using online databases for developing SNP markers of forensic interest.* Methods Mol Biol, 2005. **297**: p. 83-106.
355. Porras, L., et al., *Genetic variability of the SNPforID 52-plex identification-SNP panel in Central West Colombia.* Forensic Sci Int Genet, 2009. **4**(1): p. e9-10.
356. Amigo, J., et al., *The SNPforID browser: an online tool for query and display of frequency data from the SNPforID project.* Int J Legal Med, 2008. **122**(5): p. 435-40.

357. Nakamura, Y., *DNA variations in human and medical genetics: 25 years of my experience.* J Hum Genet, 2009. **54**(1): p. 1-8.
358. Odriozola A, Aznar JM, Celorrio D, Bravo ML, Builes JJ, Val-Bernal JF, de Pancorbo MM, *Development and validation of I-DNA1: a 15-Loci multiplex system for identity testing.* Int J Legal Med, 2011 **125** (5):685-694.
359. Odriozola A, Aznar JM, Celorrio D, Bravo ML, Builes JJ, Martinez de Pancorbo M, *Development and validation for identity testing of I-DNADuo, a combination of I-DNA1 and a new multiplex system, I-DNA2.* Int J Legal Med, 2012. 1**26** (1):167-172.
360. Budowle, B., et al., *Population data on the thirteen CODIS core short tandem repeat loci in African Americans, U.S. Caucasians, Hispanics, Bahamians, Jamaicans, and Trinidadians.* J Forensic Sci, 1999. **44**(6): p. 1277-86.
361. Hill, C.R., et al., *Characterization of 26 miniSTR loci for improved analysis of degraded DNA samples.* J Forensic Sci, 2008. **53**(1): p. 73-80.
362. Ensenberger, M.G., et al., *Developmental validation of the PowerPlex((R)) 16 HS System: An improved 16-locus fluorescent STR multiplex.* Forensic Sci Int Genet. **4**(4): p. 257-264.
363. Butler, J.M., et al., *A novel multiplex for simultaneous amplification of 20 Y chromosome STR markers.* Forensic Sci Int, 2002. **129**(1): p. 10-24.
364. Zarrabeitia, M.T., et al., *A new pentaplex system to study short tandem repeat markers of forensic interest on X chromosome.* Forensic Sci Int, 2002. **129**(2): p. 85-9.
365. Gusmao, L., et al., *A GEP-ISFG collaborative study on the optimization of an X-STR decaplex: data on 15 Iberian and Latin American populations.* Int J Legal Med, 2009. **123**(3): p. 227-34.
366. Budowle, B., et al., *Null allele sequence structure at the DYS448 locus and implications for profile interpretation.* Int J Legal Med, 2008. **122**(5): p. 421-7.
367. Zhai, X.D., et al., *False homozygosities at CSF1PO loci revealed by discrepancies between two kits in Chinese population.* Int J Legal Med, 2009.
368. *Revised Validation Guidelines-Scientific Working Group on DNA Analysis Methods (SWGDAM)* Forensic Sci Commun 2004. **6**(3).
369. Budowle, B., et al., *Mixture interpretation: defining the relevant features for guidelines for the assessment of mixed DNA profiles in forensic casework.* J Forensic Sci, 2009. **54**(4): p. 810-21.
370. Budowle, B., et al., *Mixture interpretation: defining the relevant features for guidelines for the assessment of mixed DNA profiles in forensic casework.* J Forensic Sci, 2009. **54**(4): p. 810-21.
371. Junge, A., et al., *Mutations or exclusion: an unusual case in paternity testing.* Int J Legal Med, 2006. **120**(6): p. 360-3.
372. A. Pons Castillo, A.B., F. Cañizares Hernández, *HPLC desnaturalizante (DHPLC): nuevo método de screening de enfermedades genéticas.* Asociación Española de Farmacéuticos Analistas., 2005. **Actualidades 2005**(DHPLC): p. 6.
373. Costabile, M., A. Quach, and A. Ferrante, Molecular approaches in the diagnosis of primary immunodeficiency diseases. Hum Mutat, 2006. 27(12): p. 1163-73.
374. Gerhardus, A., et al., *Diagnostic accuracy of methods for the detection of BRCA1 and BRCA2 mutations: a systematic review.* Eur J Hum Genet, 2007. **15**(6): p. 619-27.

375. Ellis, L.A., C.F. Taylor, and G.R. Taylor, *A comparison of fluorescent SSCP and denaturing HPLC for high throughput mutation scanning.* Hum Mutat, 2000. **15**(6): p. 556-64.
376. Gross, E., et al., *A comparison of BRCA1 mutation analysis by direct sequencing, SSCP and DHPLC.* Hum Genet, 1999. **105**(1-2): p. 72-8.
377. Odriozola A, Aznar JM, de Pancorbo MM, *Standardization of the search and genotyping of single nucleotide polymorphisms by DHPLC-GA.* Antropo, 2010. **23**, 11-29.
378. Kayser, M. and A. Sajantila, *Mutations at Y-STR loci: implications for paternity testing and forensic analysis.* Forensic Sci Int, 2001. **118**(2-3): p. 116-21.
379. Odriozola A, et al., *SNPSTR rs59186128_D7S820 polymorphism distribution in European Caucasoid, Hispanic, and Afro-American populations.* International journal of legal medicine, 2009. **123** (6):527-533.
380. Sanchez, J.J., et al., *Multiplex PCR and minisequencing of SNPs--a model with 35 Y chromosome SNPs.* Forensic Sci Int, 2003. **137**(1): p. 74-84.
381. Quintans, B., et al., *Typing of mitochondrial DNA coding region SNPs of forensic and anthropological interest using SNaPshot minisequencing.* Forensic Sci Int, 2004. **140**(2-3): p. 251-7.
382. Bell, P.A., et al., *SNPstream UHT: ultra-high throughput SNP genotyping for pharmacogenomics and drug discovery.* Biotechniques, 2002. **Suppl**: p. 70-2, 74, 76-7.
383. Nilsson, M., et al., Padlock probes: circularizing oligonucleotides for localized DNA detection. Science, 1994. 265(5181): p. 2085-8.
384. Ding, C. and S. Jin, High-throughput methods for SNP genotyping. Methods Mol Biol, 2009. 578: p. 245-54.
385. Brotherton, P., et al., Preferential access to genetic information from endogenous hominin ancient DNA and accurate quantitative SNP-typing via SPEX. Nucleic Acids Res. **38**(2): p. e7.
386. Hellmann, A., et al., *STR typing of human telogen hairs--a new approach.* Int J Legal Med, 2001. **114**(4-5): p. 269-73.
387. Kathrin Müller, R.K., Erich Miltner, Peter Wiegand, *Improved STR typing of telogen hair root and hair shaft DNA.* Electrophoresis, 2007. **28**(28): p. 8.

Glosario

GLOSARIO

ADN: ácido desoxirribonucleico, material donde está contenida toda la información genética de un individuo. Esta información está dispuesta en una cadena de doble hélice de más de 3500 millones de pares de bases nitrogenadas. El ADN es el mismo en todas las células de nuestro organismo (piel, cerebro, hígado...) y es único para cada persona, salvo en los gemelos monocigotos. Está formada por cuatro moléculas diferentes llamadas nucleótidos, todo el material genético varía sólo en el orden de estas cuatro moléculas: ADENINA, CITOSINA, GUANINA Y TIMINA, por lo que a cada nucleótido se le denomina abreviadamente por el nombre de su base (A;C;G;T).

ALELO: cada una de las posibles formas alternativas de un gen dado, que difiere en su secuencia de DNA y afecta a su función (a su producto, como RNA o proteína). Formas alternativas en que puede presentarse un gen o un marcador genético.

AMINOÁCIDO: es la unidad básica que constituyen las proteínas. Existen 20 aminoácidos diferentes. Una proteína puede poseer desde unos pocos a miles de aminoácidos. Cada uno de ellos es requerido a la formación de una proteína mediante la aparición de 3 pares de bases (codón) concretas presentes en el proceso de creación de proteínas en el ADN. Cada aminoácido está codificado por un codón o varios codones.

AUTOSOMAS: cada uno de los 22 cromosoma diferentes a los cromosomas sexuales X e Y.

CARIOTIPO: Ordenamiento de cada uno de los cromosomas de un individuo basado en su número y morfología.

CODIS: Siglas de "COmbined DNA Index System". Conjunto de 13 marcadores STRs utilizados por los laboratorios de investigación forense para obtener el perfil genético de una muestra biológica.

CODON: es la tripleta de nucleótidos que codifica un aminoácido o una señal de comienzo o terminación de la traducción.

CROMATINA: material del que están compuestos los cromosomas (ADN más proteínas).

CROMOSOMA: molécula de cromatina que contiene genes o marcadores genéticos. Se encuentran en el núcleo de las células o en la matriz de las mitocondrias.

CROMOSOMAS SEXUALES: Cromosomas responsables del sexo de un individuo. En la especie humana se les designa por X e Y.

DIPLOIDE: organismo que contiene células con dos juegos de cromosomas (dos veces el nº cromosómico, todas las células somáticas tienen 46 cromosomas).

ELECTROFORESIS: técnica de laboratorio por la cual moléculas como el ADN se separan entre sí en un campo eléctrico. La separación se realiza en función de la carga de la macromolécula y de su tamaño (peso molecular).

EUGENESIA: movimiento científico-político que pretendía la aplicación de los conocimientos genéticos para la "mejora" de la especie humana. Se basaba en la existencia de caracteres (o genes) "deseables" y de caracteres (o genes) "indeseables" de modo que se promovía el emparejamiento de las personas más aptas entre sí (eugenesia positiva) y se desaconsejaba el de las personas que mostraban caracteres desfavorables (eugenesia negativa).

FENOTIPO: es la forma que se observa de un determinado carácter o grupo de caracteres en un determinado individuo. Es decir es la manifestación detectable de un determinado genotipo. Los mismos genes a veces producen distintos fenotipos según en qué ambiente se expresen.

GEN: es una secuencia ordenada de nucleótidos en la molécula de ADN que tiene las instrucciones para la creación de proteínas. El gen es la unidad física básica de la herencia.

GENOMA: todo la información genética contenida en un organismo o célula, que incluye tanto los cromosomas dentro del núcleo como el ADN en las mitocondrias.

GENOTIPO: dotación genética en un sitio concreto de tu ADN. Constitución genética de un organismo en relación a un rasgo hereditario específico o a un conjunto de ellos.

HAPLOIDE: estado de una célula que contiene un solo juego de cromosomas cuyo número es igual al nº cromosómico característico de una especie. Se representa por la letra n, y en la especie humana es 23. Los gametos (óvulos y espermatozoides) son haploides.

HETEROCIGOSIS: Heterocigoto (griego: hetero, desigual; cigoto, huevo), en Genética es un individuo en el que los dos cromosomas heredados del padre y de la madre, contienen dos genes con una diferencia en el sitio del que damos la información (por ejemplo un gen que marca color de ojos azul y otro que marca color de ojos marrón). Heterocigoto: Individuo cuyo genotipo para un gen o marcador genético se caracteriza porque sus dos alelos son diferentes.

HOMOCIGOSIS: cuando las dos variantes genéticas son iguales. Homocigoto: Individuo cuyo genotipo para un gen o marcador genético se caracteriza porque sus dos alelos son iguales.

LOCUS: es el lugar específico en un cromosoma donde se localiza un gen en un cromosoma.

MARCADOR GENÉTICO: cada secuencia de ADN codificante o no, que puede servir para caracterizar a un individuo en una población.

MITOCONDRIA: Orgánulo celular que contiene en su matriz un tipo de ADN circular que se hereda a través de las mujeres exclusivamente. En análisis forense se emplean marcadores genéticos del ADN mitocondrial para rastrear linajes femeninos.

NUCLEÓTIDO: Unidad básica del ADN. Consiste en la unión de un glúcido (pentosa), un ácido fosfórico y una base nitrogenada.

PCR: La reacción en cadena de la polimerasa, conocida como PCR por sus siglas en inglés (polymerase chain reaction), es una técnica de biología molecular cuyo objetivo es obtener un gran número de copias de un fragmento de ADN particular. Esta técnica sirve para amplificar un fragmento de ADN; su utilidad es que tras la amplificación resulta mucho más fácil identificar con una muy alta probabilidad, virus o bacterias causantes de una enfermedad, identificar personas (cadáveres) o hacer investigación científica sobre el ADN amplificado.

PERFIL GENÉTICO: conjunto de genotipos que muestra la dotación genética de un individuo para un conjunto de marcadores (por ejemplo, los 13 STR's que constituyen el CODIS).

POLIMORFISMOS: las variantes o diferencias entre individuos para un misma localización en el ADN, hay diferentes tipos, un ejemplo son puntos muy concretos de los genomas en los que un nucleótido puede ser diferente en varios individuos, dando lugar a caracteres diferentes, como el grupo sanguíneo, el color de los ojos, del pelo, la forma de la nariz, las formas en que metabolizamos sustancias...

PRIMER (Cebador): secuencia corta de nucleótidos usada en la reacción de PCR para iniciar la síntesis del ADN que se quiere amplificar.

STR: Siglas de "Short Tandem Repeats" (Repeticiones Cortas en Tandem). Tipo de marcador polimórfico de ADN cuyos alelos consisten en variaciones en el número de veces que se repite consecutivamente una secuencia básica de nucleótidos de entre 2 y 6 veces. En los análisis forenses se utilizan STR's cuya secuencia básica es de 4 nucleótidos.

SOBRE LOS AUTORES:

***Adrián Odriozola Martínez*:** Donostia-San Sebastian (Guipúzcoa), 1982. Doctor en Bioquímica y profesor del Dpto. de Genética, Antropología y Fisiología Animal de la UPV/EHU. Asesor Científico de Baigene S.L. "Genetics & New Technologies in Sport Performance".

***Jose Mª Aznar Oviedo*:** Vitoria-Gasteiz (Alava), 1982. Doctor en Biología y licenciado en Bioquímica y Biología por las universidades del País Vasco y de Navarra, respectivamente. Director del Área de Calidad y Desarrollo de kits genéticos de Baigene S.L. "Genetics & New Technologies in Sport Performance"

***David Celorrio Herrera*:** Vitoria-Gasteiz (Alava), 1982. Licenciado y doctorado en Farmacia por la Universidad del País Vasco. Director del área de I+D+I de Baigene S.L. "Genetics & New Technologies in Sport Performance".

FSC
www.fsc.org
MIX
Papier | Fördert
gute Waldnutzung
FSC® C083411

Kolibri 360 GmbH
Ferdinand-Jühlke-Straße 7
99095 Erfurt, Deutschland
produktsicherheit@kolibri360.de

Druck:
CPI Druckdienstleistungen GmbH
im Auftrag der
Kolibri 360 GmbH
Ferdinand-Jühlke-Str. 7
99095 Erfurt